# 중·고교 연결수학

중학교 수학의 기초가 없어도 어려운 고등학교 수학을
쉽게 공부할 수 있는 유일한 수학 교재

공통수학 1 상

중간고사 대비

# 중고교 연결수학을 펴내면서

## ■ 왜 수학 때문에 고민하십니까?

**학생1** : 중학교 때 열심히 공부하지 않은 것을 많이 후회했는데 중고교 연결수학으로 공부하면서 중학교 수학의 기초부터 다져가며 공부할 수 있어 정말 너무 좋아요. 고등학교에 입학하기 전에 열심히 공부하여 원하는 대학에 꼭 합격할 거예요!

**학생2** : 중학교 수학과는 달리 고등학교 수학은 어렵고 분량도 많아 미리 공부했지만 머릿속에 남아있는 것이 아무것도 없어 고민했는데 중고교 연결수학을 만나면서 수학이 재미있어졌어요! 이 책에는 여러 가지 특별한 장점이 많아요. 특히 일타강사의 명쾌하고 요약된 강의는 머릿속에 온전히 남아있어 문제를 풀 때 큰 도움이 되고 있어요. 이제부터 정말 열심히 공부하여 소위 말하는 SKY 대학에 진학할 거예요!

위와 같은 사례는 직접 학생들을 상담하면서 수학 때문에 고민하는 많은 학생들에게 들었던 내용입니다.

## ■ 수학에 대한 고민 완전 해결

고등학교 수학은 학생들이 많이 어려워하고 나름대로 열심히 공부해 보지만 실제로 학교 내신성적이 잘 오르지 않아 고민하는 학생이 의외로 많습니다. 따라서 고차원수학에서는 이런 학생들의 고민을 해결하고자 최초로 중고교 과정을 연결하는 수학 교재를 개발하였습니다.

본 교재는 어느 출판사에서도 시도해 본 적이 없는 여러 가지 좋은 교육 노하우가 담겨있고 이미 현장 강의에서 큰 호응을 얻고 있으니 고등학교 수학을 공부하면서 어려움을 겪고 있는 학생들에게 큰 도움이 될 수 있다고 확신합니다. 이 책으로 공부한 학생들이 수학의 어려움을 딛고 일어나 수학에 자신감을 갖고 열심히 공부할 수 있기를 바랍니다.

고차원능률학습연구소

# 중고교 연결수학의 구성과 특징

고차원수학에서는 어려운 수학을 학생들이 쉽고 재미있게 공부할 수 있도록 연구 개발하여 다음과 같이 다른 교재와 차별화된 내용으로 편찬하였습니다.

## 1 최초로 중고교 연결과정 선수학습

이 책에서는 각 단원마다 중고교 연결과정을 선수학습 함으로써 중학교 수학의 기초가 없어도 고등학교 수학을 쉽게 공부할 수 있도록 하였습니다.

## 2 최초로 수학 일타강사의 현장 강의 수록

이 책에서는 수학 일타강사의 현장 강의 내용을 그대로 수록하여 복잡한 수학의 개념과 원리를 한눈에 알아보고 머릿속에 오래 기억될 수 있도록 하였습니다.

## 3 최초로 탐구학습을 통해 문제를 보는 방법과 푸는 방법 제시

이 책에서는 일타강사의 강의가 문제에 어떻게 적용되는가를 보여주고 탐구학습을 통해 문제를 보는 방법과 푸는 방법을 연마할 수 있도록 하였습니다.

## 4 최초로 각 단원마다 복습 확인 문제로 점검

이 책에서는 각 단원마다 복습 확인 문제 A, B 단계를 두어 앞에서 배운 내용을 복습하고 점검할 수 있도록 하였습니다.

## 5 최초로 각 단원 끝에 반복학습기록란 배치

이 책에서는 각 단원 끝에 반복학습기록란을 배치하여 학생 스스로 반복 학습한 횟수를 기록하고 선생님이 체크하므로써 반복 학습할 때마다 수학 실력이 향상되는 것을 직접 느낄 수 있도록 하였습니다.

# 이 책의 학습방법

## 1 개념학습 방법

**개념**은 대부분 복잡하고 긴 문장으로 이루어져 있기 때문에 잘 이해하려면 중요한 것에 밑줄을 그어 가면서 정독해야 한다.

## 2 강의학습 방법

**강의**는 복잡한 개념을 간단하게 요약해 놓은 것으로 언제든지 머리 속에서 꺼내 활용할 수 있도록 이해하고 암기해 두어야 한다.

## 3 예시학습 방법

**예시**는 요약된 강의 내용이 문제에 어떻게 적용되는지를 보여주는 것으로 반드시 강의를 활용하여 문제를 풀도록 해야 한다.

## 4 탐구학습 방법

**탐구**는 어려운 문제를 한눈에 알아보고 쉽게 푸는 방법을 제시해 주는 것으로 탐구를 통해 문제를 볼 줄 아는 안목을 길러야 한다.

## 5 풀이학습 방법

**풀이**는 가장 쉽고 간결하게 풀어놓았으니 풀이를 읽으면서 이해하거나 연습장에 쓰면서 따라 풀어보도록 한다.

## 6 유제학습 방법

1, 2단계로 구성하여 유제 1단계 문제는 예제와 비슷한 난이도로 출제하였고 유제 2단계는 난이도를 높여 한번 더 생각하며 풀 수 있도록 하였으니 학생 스스로 풀어보고 안 풀리는 문제는 선생님께 질문하여 해결하도록 한다.

어려운 수학 문제를 잘 풀 수 있는 방법은 잘 모르는 문제와 씨름하지 말고 자신이 잘 알고 있는 개념과 문제를 여러 번 반복 학습하는 것이다. 그렇게 하면 수학 실력이 향상되어 어려운 문제도 쉽게 풀 수 있는 능력이 생긴다는 것을 명심해야 한다.

# 이 책의 내용을 한 눈에

## I. 다항식

**PART 01.** 다항식의 연산

| | |
|---|---|
| ◈ 중·고교 연결과정 선수학습 | 9 |
| 1 다항식의 정의 | 15 |
| 2 다항식의 사칙연산 | 20 |
| 3 곱셈공식 | 31 |
| 4 곱셈공식의 변형 | 42 |
| ◈ 반복학습 기록란 | 50 |
| ◈ 연습문제 (A) (B) | 51 |

**PART 02.** 항등식과 나머지 정리

| | |
|---|---|
| ◈ 중·고교 연결과정 선수학습 | 63 |
| 1 항등식 | 65 |
| 2 나머지 정리 | 74 |
| ◈ 반복학습 기록란 | 84 |
| ◈ 연습문제 (A) (B) | 85 |

**PART 03.** 인수분해

| | |
|---|---|
| ◈ 중·고교 연결과정 선수학습 | 93 |
| 1 곱셈공식을 이용한 인수분해 | 97 |
| 2 특별한 경우의 인수분해 | 105 |
| 3 특별한 방법에 의한 인수분해 | 110 |
| 4 인수분해의 활용 | 112 |
| ◈ 반복학습 기록란 | 115 |
| ◈ 연습문제 (A) (B) | 116 |

## II. 이차방정식

**PART 01.** 복소수

◈ 중·고교 연결과정 선수학습    127
1 복소수의 정의    130
2 복소수의 연산    135
3 제곱근의 계산    145
◈ 반복학습 기록란    151
◈ 연습문제 (A) (B)    152

**PART 02.** 이차방정식

◈ 중·고교 연결과정 선수학습    162
1 이차방정식의 해법    168
2 이차방정식의 근의 판별    177
3 이차방정식의 근과 계수    181
4 이차방정식의 켤레근과 공통근    190
◈ 반복학습 기록란    195
◈ 연습문제 (A) (B)    196

## III. 이차함수

**PART 01.** 이차함수의 그래프

◈ 중·고교 연결과정 선수학습    209
1 이차함수의 그래프    213
◈ 반복학습 기록란    220
◈ 연습문제 (A) (B)    221

**PART 02.** 이차함수의 활용

◈ 중·고교 연결과정 선수학습    227
1 이차함수와 이차방정식의 관계    228
2 이차함수의 최대·최소    238
◈ 반복학습 기록란    249
◈ 연습문제 (A) (B)    250

# I 다항식


**PART 01.** 다항식의 연산

**PART 02.** 항등식과 나머지 정리

**PART 03.** 인수분해

I.
다항식

**P A R T**
# 01

## 다항식의 연산

◈ 중·고교 연결과정 선수학습
1 다항식의 정의
2 다항식의 사칙연산
3 곱셈공식
4 곱셈공식의 변형
◈ 반복학습 기록란
◈ 연습문제 (A)(B)

**명언**

공식을 분석해 보면 문제가 보이고 문제를 분석해 보면 풀이가 보인다.

-고 차 원-

## 1 연립방정식의 해법

→ 미지수의 개수를 한 개로 줄이고 일차방정식을 풀어 미지수의 값을 구한다.

**[1] 가감법**

: 어떤 방정식에 적당한 상수를 곱하여 다른 방정식에 더하거나 뺀다.

**[2] 대입법**

: 어느 한 문자에 대한 식으로 정리하여 다른 식에 대입한다.

---

**강의** 연립 1차 방정식은 수학 공부의 기초이다!

→ 미지수 2개 → 2식 필요

① 가감법 → 계수를 같게 하여 더하거나 뺀다.

② 대입법 → 한 문자에 대하여 정리한 후 대입한다.

---

### 기│본│예│제 01

$$\begin{cases} 3x+2y=-1 & \cdots ① \\ x-y=3 & \cdots ② \end{cases}$$ 의 해를 가감법을 이용하여 구하시오.

**탐구** 가감법은 계수를 같게 하여 더하거나 뺀다.

**풀이** ①$+$②$\times 2$ ;

$$\begin{array}{r} 3x+2y=-1 \\ +\ \underline{2x-2y=6} \\ 5x\quad\ =5 \end{array} \qquad \therefore\ x=1$$

$x=1$을 ②에 대입하여 $y$를 구하면

$$1-y=3 \qquad \therefore\ y=-2$$

**정답** $x=1,\ y=-2$

---

**유제 01-1** $\begin{cases} x-2y=7 \\ 2x+y=-1 \end{cases}$ 의 해를 가감법을 이용하여 구하시오.

**유제 01-2** $\begin{cases} 3x+2y=1 \\ 2x-3y=-8 \end{cases}$ 의 해를 가감법을 이용하여 구하시오.

## 기 | 본 | 예 | 제 02

$$\begin{cases} y = x + 2 & \cdots ① \\ 2x - y = -1 & \cdots ② \end{cases}$$ 의 해를 대입법을 이용하여 구하시오.

**탐구** 대입법은 한 문자에 대하여 정리한 후 대입한다.

**풀이** ① → ② ; $2x - (x + 2) = -1$

$$2x - x - 2 = -1$$

$$\therefore \ x = 1$$

$x = 1$을 ①에 대입하여 $y$를 구하면 $y = 3$

**정답** $x = 1, \ y = 3$

---

**유제 02-1** $\begin{cases} x = 7 - 2y \\ 2x - 3y = 0 \end{cases}$ 의 해를 대입법을 이용하여 구하시오.

**유제 02-2** $\begin{cases} x - y = 2 \\ 2x + 3y = -1 \end{cases}$ 의 해를 대입법을 이용하여 구하시오.

**유제 02-3** $\begin{cases} x = 2 - 3y \\ x = y + 4 \end{cases}$ 의 해를 대입법을 이용하여 구하시오.

**유제 02-4** $\begin{cases} 2y = 2x - 4 \\ 5x - 2y = -8 \end{cases}$ 의 해를 대입법을 이용하여 구하시오.

## 2 곱셈공식

(1) $m(x+y+z)=mx+my+mz$

(2) $(x+y)^2=x^2+2xy+y^2$

(3) $(x-y)^2=x^2-2xy+y^2$

(4) $(x+y)(x-y)=x^2-y^2$

(5) $(x+a)(x+b)=x^2+(a+b)x+ab$

**강의** 곱셈공식(Ⅰ)은 대포만 잘 쏘면 된다!

➜ 곱셈공식의 기본은 분배법칙을 이용하여 전개하는 것!

➜ $m(x+y+z)=mx+my+mz$

---

### 기|본|예|제 03

$2(x+y-z)$를 전개하시오.

**탐구** 분배법칙을 이용하여 전개한다.

**풀이** (준식) $=2\times x+2\times y+2\times(-z)$

$=2x+2y-2z$

**정답** $2x+2y-2z$

---

**유제 03-1** $-3(x-3y+1)$을 전개하시오.

**유제 03-2** $-2a(3a-4b+5c)$를 전개하시오.

**강의** **곱셈공식(Ⅱ)은 완전제곱꼴을 전개하는 것이다!**

→ $(머리 \pm 꼬리)^2 = (머리)^2 \pm 2(머리)(꼬리) + (꼬리)^2$

→ $(a \pm b)^2 = a^2 \pm 2ab + b^2 = a^2 + b^2 \pm 2ab$

**주의** $\sqrt{\phantom{a}}$ 가 있을 때는 다음 공식을 이용하면 편리하다.

→ $(a \pm b)^2 = a^2 + b^2 \pm 2ab$

→ $(\sqrt{a} \pm \sqrt{b})^2 = a + b \pm 2\sqrt{a}\sqrt{b}$

## 기|본|예|제 04

다음을 전개하시오.

(1) $(x+3)^2$

(2) $(x-5)^2$

**탐구** $(머리 \pm 꼬리)^2 = (머리)^2 \pm 2(머리)(꼬리) + (꼬리)^2$

**풀이** (1) $(준식) = x^2 + 2 \times x \times 3 + 3^2$
$$= x^2 + 6x + 9$$

(2) $(준식) = x^2 - 2 \times x \times 5 + 5^2$
$$= x^2 - 10x + 25$$

**정답** (1) $x^2 + 6x + 9$ (2) $x^2 - 10x + 25$

---

**유제 04-1** $(\sqrt{a} + \sqrt{b})^2$을 전개하시오.

**유제 04-2** $(a-b)(b-a)$를 전개하시오.

**유제 04-3** $(y-4)^2 - (y+2)^2$을 계산하시오.

**강의** 곱셈공식(Ⅲ)은 합과 차의 곱을 전개하는 것이다!

→ 합과 차의 곱$=($부호가 같은 것$)^2-($부호가 다른 것$)^2$

→ $(x+y)(x-y)=x^2-y^2$

## 기｜본｜예｜제 05

다음 식을 전개하시오.

(1) $(\sqrt{a}+\sqrt{b})(\sqrt{a}-\sqrt{b})$　　　　(2) $(x+2)(2-x)$

(3) $(x+\sqrt{3})(x-\sqrt{3})$　　　　(4) $(-y+4)(y+4)$

**탐구**　합과 차의 곱$=($부호가 같은 것$)^2-($부호가 다른 것$)^2$

**풀이**　(1) (준식)$=(\sqrt{a})^2-(\sqrt{b})^2=a-b$

　　　　(2) (준식)$=2^2-x^2=4-x^2$

　　　　(3) (준식)$=x^2-(\sqrt{3})^2=x^2-3$

　　　　(4) (준식)$=4^2-y^2=16-y^2$

**정답**　(1) $a-b$　　(2) $4-x^2$　　(3) $x^2-3$　　(4) $16-y^2$

---

**유제 05-1** 다음 식을 전개하시오.

　　(1) $(2a-3)(2a+3)$　　　　(2) $(b-2)(2+b)$

**유제 05-2** $(-x+1)(x+1)+(-3x-2)(-3x+2)$를 계산하시오.

**강의** 곱셈공식(Ⅳ)은 일차식과 일차식의 곱을 전개하는 것이다!

→ (1차식)(1차식) = 2차 3항꼴

→ $(x+a)(x+b) = x^2 + 합x + 곱$

## 기|본|예|제 06

다음 식을 전개하시오.

(1) $(x-1)(x+2)$

(2) $(x+3)(x-1)$

(3) $(x-5)(x-1)$

(4) $(x+2)(x+4)$

**탐구** $(x+a)(x+b) = x^2 + 합x + 곱$

**풀이**

(1) (준식) $= x^2 + (-1+2)x + (-1)\times 2$

$\qquad = x^2 + x - 2$

(2) (준식) $= x^2 + (3-1)x + 3\times(-1)$

$\qquad = x^2 + 2x - 3$

(3) (준식) $= x^2 + (-5-1)x + (-5)\times(-1)$

$\qquad = x^2 - 6x + 5$

(4) (준식) $= x^2 + (2+4)x + 2\times 4$

$\qquad = x^2 + 6x + 8$

**정답** (1) $x^2 + x - 2$ (2) $x^2 + 2x - 3$ (3) $x^2 - 6x + 5$ (4) $x^2 + 6x + 8$

---

**유제 06-1** 다음 식을 전개하시오.

(1) $(y-3)(y-5)$

(2) $(y+5)(y+2)$

(3) $(y-10)(y+4)$

(4) $(y+7)(y-6)$

**유제 06-2** $(a+2)(a-3) - (a-1)(a-2)$를 전개하시오.

# 다항식의 정의

## 1 다항식의 정의

### [1] 단항식과 다항식

(1) 단항식

➜ 몇 개의 문자나 숫자가 곱셈기호 '$\times$'로만 연결된 식을 **단항식**이라 한다.

➜ $3$, $x$, $-2ax$, $5x^2y$, $-3axyz^2$

(2) 다항식

➜ 단항식과 몇 개의 단항식들이 덧셈기호 '$+$'로 연결된 식을 통틀어 **다항식**이라 한다.

➜ $x+3$, $5x^2y-2ax$

> **체크** 단항식도 일종의 다항식이다.

### [2] 다항식의 차수와 계수와 상수항

(1) 단항식에서는 곱해진 특정한 문자의 개수를 그 단항식의 **차수**라 하고, 특정한 문자 이외의 부분을 모두 **계수**라 한다.

(2) 다항식에서는 최고차항의 차수를 그 **다항식의 차수**라 하고, 특정한 문자를 포함하지 않는 모든 항을 **상수항**이라 한다.

### [3] 동류항

➜ 다항식에서 특정한 문자와 차수가 같은 항을 **동류항**이라 한다.

➜ $5x^2y$와 $-2x^2y$와 $\sqrt{3}\,x^2y$

---

**강의** 식의 체계를 보면 무리식과 분수식은 다항식이 아니다!

➜ 실수식 ─ 유리식 ─ 정수식 ─ 단항식 = 1항식

　　　　　　　　　　　　　└ 다항식 = 1항식, 2항식, 3항식…

　　　　　　　└ 분수식

　　└ 무리식

**주의** 단항식도 다항식에 포함된다.

다음 중 다항식인 것을 모두 고르시오.

① $x - \dfrac{1}{3}$　　　② $x - \dfrac{1}{x}$　　　③ $\sqrt{3}\,x$　　　④ $\sqrt{3x}$　　　⑤ $\dfrac{x}{3} - x^2$

**탐구**　다항식 → 단항식 또는 몇 개의 단항식의 합

**풀이**　① $x - \dfrac{1}{3}$ : 다항식 ($\bigcirc$)

　　　② $x - \dfrac{1}{x}$ : 다항식 ($\times$)

　　　③ $\sqrt{3}\,x$ : 다항식 ($\bigcirc$)

　　　④ $\sqrt{3x}$ : 다항식 ($\times$)

　　　⑤ $\dfrac{x}{3} - x^2$ : 다항식 ($\bigcirc$)

　　　따라서 다항식인 것은 ①, ③, ⑤이다.

**정답**　①, ③, ⑤

---

**유제 01-1**　다음 식 중 단항식이 아닌 것을 모두 고르시오.

① $2x - 1$　　　　② $-\sqrt{3}$　　　　③ $2\sqrt{x}$

④ $-2xyz$　　　　⑤ $\dfrac{3}{x}$

**유제 01-2**　다음 식 중 다항식인 것을 모두 고르시오.

① $-\sqrt{3}\,y^2$　　　　② $-\sqrt{x}$　　　　③ $-2xy - \dfrac{1}{z}$

④ $x - \dfrac{1}{2y}$　　　　⑤ $xy - \sqrt{5}$

**유제 01-3**　다음 식 중 단항식인 것을 고르시오.

① $x + 3$　　　　② $5x - 2y$　　　　③ $1$

④ $\dfrac{3}{2x}$　　　　⑤ $-2y + \dfrac{1}{4}$

同(같을 동)

## 기|본|예|제 02

다음 $x$, $y$, $z$에 대한 다항식 중에서 $-3x^3y^2z$의 동류항이 아닌 것을 모두 고르시오.

① $\dfrac{1}{2}y^2zx^3$ 　　　　② $\sqrt{5}\,zx^3y$ 　　　　③ $-3xy^2z^3$

④ $-\dfrac{\sqrt{3}\,x^3zy^2}{2}$ 　　　　⑤ $4zx^3y^2$

**탐구**　동류항 → 계수무시 → 문자 同 and 차수 同

**풀이**　보기의 식을 $x$, $y$, $z$의 순으로 정리하면

① $\dfrac{1}{2}x^3y^2z$ （○）　　② $\sqrt{5}\,x^3yz$ （×）　　③ $-3xy^2z^3$ （×）

④ $-\dfrac{\sqrt{3}}{2}x^3y^2z$ （○）　⑤ $4x^3y^2z$ （○）

따라서 $-3x^3y^2z$와 동류항이 아닌 것은 ②, ③이다.

**정답**　②, ③

**유제 02-1**　다음 $x$, $y$, $z$에 대한 다항식 중에서 $xy^2$의 동류항을 모두 고르시오.

① $-3xy^2z$ 　　　　② $5x^2zy$ 　　　　③ $\sqrt{2}\,y^2x$

④ $-\sqrt{3}\,yx^2$ 　　　　⑤ $\sqrt{5}\,xy^2$

**유제 02-2**　다음 $x$, $y$, $z$에 대한 다항식 중에서 $xy^2z^3$과 동류항인 것을 찾아 그들의 합을 구하시오.

| | | | | |
|---|---|---|---|---|
| $5z^3xy^2$ | $2z^2xy^3$ | $-4xy^3z^2$ | $-xz^3y^2$ | $-3y^2z^3x$ |

## [1] 내림차순

➜ 한 문자에 대하여 차수가 높은 항에서 낮은 항의 차례로 배열하는 것을 **내림차순**이라 한다.

## [2] 오름차순

➜ 한 문자에 대하여 차수가 낮은 항에서 높은 항의 차례로 배열하는 것을 **오름차순**이라 한다.

---

**체크** 특별한 식의 정리방법

① 윤환식 배열법

➜ 3문자일 때, 윤환식으로 배열한다.

i) $ab, bc, ca$

ii) $a-b, b-c, c-a$

iii) $a(b-c), b(c-a), c(a-b)$

② 사전식 배열법

➜ 4문자 이상일 때, 사전식으로 배열한다.

i) $ab, ac, ad, bc, bd, cd$

ii) $a-b, a-c, a-d, b-c, b-d, c-d$

---

**강의** 다항식의 정리는 일반적으로 내림차순, 오름차순으로 정리한다!

① 내림차순 배열 : 높은 차수 → 낮은 차수

② 오름차순 배열 : 낮은 차수 → 높은 차수

**주의** 특별한 식의 정리 방법

① 윤환식 배열 → 3문자일 때

→ $a+b, b+c, c+a$

→ $-ab, -bc, -ca$

→ $a(b-c), b(c-a), c(a-b)$

② 사전식 배열 → 4문자 이상일 때

→ $a-b, a-c, a-d, b-c, b-d, c-d$

→ $ab, ac, ad, bc, bd, cd$

$x^2yz + xyz + yz - xy^2 - xz^2$을 $x$에 대하여 다음 방법으로 정리하시오.

(1) 내림차순                 (2) 오름차순

**탐구** 내림차순은 $x$에 대한 차수가 높은 항부터 쓰고, 오름차순은 $x$에 대한 차수가 낮은 항부터 쓴다.

**풀이** (1) 내림차순은 차수가 높은 항부터 쓰는 것이므로 $x$에 대한 이차항, 일차항, 상수항의 차례로 배열하면
$$x^2yz + xyz - xy^2 - xz^2 + yz = yzx^2 + (yz - y^2 - z^2)x + yz$$

(2) 오름차순은 내림차순의 반대로 정리하면 된다.
$$\therefore \ yz + (yz - y^2 - z^2)x + yzx^2$$

**정답** (1) $yzx^2 + (yz - y^2 - z^2)x + yz$    (2) $yz + (yz - y^2 - z^2)x + yzx^2$

---

**유제 03-1** $(x - 3y)^2$을 전개하여 $y$에 대하여 내림차순으로 정리하시오.

**유제 03-2** 다음 식을 $z$에 대하여 내림차순과 오름차순으로 정리하시오.
$$4xy^2 - 3x^3z^2 + 2xz - yz^2 - x^2y + 5x^3y - y^2z + 3x^2z$$



다음 식이 세 문자로 구성되어 윤환식으로 배열된다는 사실을 알고, $a^3 + b^3 + c^3 - 3abc$를 인수분해하시오.

**탐구** ① 3차식이므로 (1차식)(2차식)으로 인수분해될 것이다. (예견①)
② 세 문자로 구성되어 윤환식으로 배열될 것이다. (예견②)

**풀이** 준식은 3차식이고 세 문자로 구성되어 있으므로
(1차식) ; $(a+b+c)$, (2차식) ; $(a^2 + b^2 + c^2 - ab - bc - ca)$
$$\therefore \ a^3 + b^3 + c^3 - 3abc = (a+b+c)(a^2 + b^2 + c^2 - ab - bc - ca)$$

**정답** $(a+b+c)(a^2 + b^2 + c^2 - ab - bc - ca)$

---

**유제 04-1** 다음 식이 윤환식임을 알고 연립방정식을 푸시오.
$$x + y = 3 \ \cdots \ ① \qquad y + z = 4 \ \cdots \ ② \qquad z + x = 5 \ \cdots \ ③$$

**유제 04-2** 다음 식이 윤환식임을 알고 연립방정식을 푸시오.
$$xy = 2 \ \cdots \ ① \qquad yz = 10 \ \cdots \ ② \qquad zx = 5 \ \cdots \ ③$$

# 다항식의 사칙연산

## 1 다항식의 덧셈과 뺄셈

→ 다항식의 덧셈도 하나의 다항식이고, 다항식의 뺄셈도 하나의 다항식이다.

→ 다항식의 덧셈과 뺄셈의 기본은 동류항을 간략히 하는 것이다.

**[1] 다항식의 덧셈에 대한 기본법칙**

- 다항식 $A$, $B$, $C$에 대하여

  (1) $A+B=B+A$ (교환법칙)  (2) $(A+B)+C=A+(B+C)$ (결합법칙)

**[2] 다항식의 덧셈에 대한 실수배**

- $A$, $B$는 다항식이고 $k$는 실수일 때

  (1) $k(A+B)=kA+kB$  (2) $kA+kB=k(A+B)$

> **체크** 괄호 벗기는 법
>
> (1) 괄호 앞에 $-$가 있을 때는 괄호 안의 부호를 바꾼다.
>
> (2) 괄호가 겹쳐 있을 때는 안쪽부터 차례로 벗긴다.

**강의 다항식의 덧셈과 뺄셈은 동류항을 간략히 하는 것이다!**

→ 연산법칙을 이용하여 동류항을 간략히 하는 것

① 교환법칙 $A+B=B+A$ (순서 변화)

② 결합법칙 $(A+B)+C=A+(B+C)$ (순서 불변)

### 기│본│예│제 05

세 다항식 $A=x^2+xy-3y^2$, $B=x^2-y^2$, $C=-2xy+4y^2$에 대하여 $2A-3B+C$를 계산하시오.

**탐구** 복잡한 계산은 세로 계산법을 사용하면 편리하다.

**풀이**

$$
\begin{array}{rl}
2A = & 2x^2+2xy-6y^2 \\
-3B = & -3x^2\qquad\ +3y^2 \\
+\quad C = & \qquad -2xy+4y^2 \\
\hline
2A-3B+C = & -x^2+y^2
\end{array}
$$

**정답** $-x^2+y^2$

**유제 05-1**  세 다항식 $A=y^3+2xy^2-3x^3$, $B=y^3-x^2y+2x^3$, $C=2x^3-x^2y-4xy^2$에 대하여 $3(A-B)+2(B-C)$를 계산하시오.

**유제 05-2**  세 다항식 $A=x^2+xy-3y^2$, $B=x^2-y^2$, $C=-2xy+5y^2$에 대하여 $2A-(B+X)=B-C$를 만족하는 다항식 $X$를 구하시오.

## 기│본│예│제 06

두 다항식 $A$, $B$에 대하여 다음이 성립할 때, $2A-B$를 구하시오.
$$2A+B=6x^4-2x^3+x+1$$
$$A+B=2x^4+3x^3-x^2-2x+1$$

**탐구**  가감법을 이용하여 $A$, $B$를 구한다.

**풀이**
$$\begin{cases} 2A+B=6x^4-2x^3+x+1 & \cdots ① \\ A+B=2x^4+3x^3-x^2-2x+1 & \cdots ② \end{cases}$$

$①-②$ ; $A=4x^4-5x^3+x^2+3x \qquad \cdots ③$

$②-③$ ; $B=-2x^4+8x^3-2x^2-5x+1$

$2A-B=2(4x^4-5x^3+x^2+3x)-(-2x^4+8x^3-2x^2-5x+1)$

$\qquad =8x^4-10x^3+2x^2+6x+2x^4-8x^3+2x^2+5x-1$

$\qquad =10x^4-18x^3+4x^2+11x-1$

**정답**  $10x^4-18x^3+4x^2+11x-1$

**유제 06-1**  두 다항식 $A$, $B$에 대하여 다음이 성립할 때, $2A-3B$를 구하시오.
$$A+B=6x^4-3x^2+1$$
$$A-B=4x^4+5x^2-3$$

**유제 06-2**  두 다항식 $A$, $B$에 대하여 다음이 성립할 때, 두 다항식 $A$와 $B$를 각각 구하시오.
$$2A+B=9x^4-2x^3+x^2-3x+2$$
$$A+2B=6x^4+8x^3+2x^2+1$$

→ 다항식의 곱셈의 결과는 하나의 다항식이다.


## [1] 다항식의 곱셈에 대한 지수법칙

→ 다항식의 곱셈에서는 다음 지수법칙이 이용된다.

- $m$, $n$이 양의 정수일 때

  (1) $a^m \times a^n = a^{m+n}$

  (2) $(a^m)^n = a^{mn}$

  (3) $(ab)^m = a^m b^m$


## [2] 다항식의 곱셈에 대한 기본법칙

→ 다항식의 곱셈의 기본은 분배법칙을 이용하는 것이다.

- 다항식 $A$, $B$, $C$에 대하여

  (1) $AB = BA$ (교환법칙)

  (2) $(AB)C = A(BC)$ (결합법칙)

  (3) $A(B+C) = AB+AC$, $(A+B)C = AC+BC$ (분배법칙)


**강의** **곱셈에 대한 지수법칙은 매우 중요하므로 꼭 암기해 두어야 한다!**

① $A^m \times A^n = A^{m+n}$

② $(A^m)^n = (A^n)^m = A^{mn}$

③ $(AB)^m = A^m B^m$


### 기｜본｜예｜제 **07**

$\dfrac{1}{4}xy^2 \times \left(\dfrac{2}{3}x^2y^2\right)^2 \times (-3xy)^3$을 간단히 하시오.

**탐구**　① $a^m a^n = a^{m+n}$　　② $(a^m)^n = a^{mn}$　　③ $(ab)^m = a^m b^m$

**풀이**　(준식)$= \dfrac{1}{4}xy^2 \times \dfrac{4}{9}x^4y^4 \times (-27x^3y^3)$

$= \dfrac{1}{4} \times \dfrac{4}{9} \times (-27) \times xy^2 \times x^4y^4 \times x^3y^3$

$= -3x^{1+4+3}y^{2+4+3} = -3x^8y^9$

**정답**　$-3x^8y^9$

**유제 07-1** 다음 식을 간단히 하시오.

(1) $\{(-x^3)^5\}^4 \times (-x^2)^6 \times (-x)^9$

(2) $\left(\dfrac{1}{2}xy^2\right)^3 \times (xy^3)^2 \times \left(-\dfrac{2}{3}y^2\right)^3$

**유제 07-2** $\left(\dfrac{4}{3}a^2bx\right) \times \left(-\dfrac{2}{3}aby\right)^2 \times \left(\dfrac{3}{4}bxy\right)^3$ 을 간단히 하시오.

---

**강의** **다항식의 곱셈은 대포만 잘 쏘면 된다!**

→ 대포법칙을 이용 → 동류항 정리 → 답

$$(a+b)(c+d) = ac + ad + bc + bd$$

---

## 기 | 본 | 예 | 제 08

$(2x-y)(x^2-xy+y^2)$을 전개하시오.

**탐구** 대포법칙을 이용하여 전개한 후 동류항을 간략히 한다.

**풀이**
$$(2x-y)(x^2-xy+y^2) = 2x^3 - 2x^2y + 2xy^2 - x^2y + xy^2 - y^3$$
$$= 2x^3 - 3x^2y + 3xy^2 - y^3$$

**정답** $2x^3 - 3x^2y + 3xy^2 - y^3$

---

**유제 08-1** $(1-2a+2a^2)(4a-2)$를 전개하시오.

**유제 08-2** $ab=2$일 때, $\left(2a+\dfrac{1}{b}\right)\left(3b+\dfrac{4}{a}\right)$의 값을 구하시오.

### 기 | 본 | 예 | 제 09

$(3x^3 - x^2 + x - 1)(4x^4 - 3x^3 + 2x^2 + 2x - 3)$의 전개식에서 $x^3$, $x^4$의 계수를 각각 $a$, $b$라 할 때, $a+b$의 값을 구하시오.

**탐구**  높은 차수 항에서 낮은 차수 항의 순서로 곱하여 더한다.
① 3차항$=(3$차항$)\times($상수항$)+(2$차항$)\times(1$차항$)+(1$차항$)\times(2$차항$)+($상수항$)\times(3$차항$)$
② 4차항$=(4$차항$)\times($상수항$)+(3$차항$)\times(1$차항$)+(2$차항$)\times(2$차항$)$
$+(1$차항$)\times(3$차항$)+($상수항$)\times(4$차항$)$

**풀이**  곱하여 삼차항이 되는 동류항들을 간단히 하면
$$3x^3 \times (-3) + (-x^2) \times 2x + x \times 2x^2 + (-1) \times (-3x^3)$$
$$= -9x^3 - 2x^3 + 2x^3 + 3x^3 = -6x^3$$
$$\therefore a = -6$$
곱하여 사차항이 되는 동류항들을 간단히 하면
$$3x^3 \times 2x + (-x^2) \times 2x^2 + x \times (-3x^3) + (-1) \times 4x^4$$
$$= 6x^4 - 2x^4 - 3x^4 - 4x^4 = -3x^4$$
$$\therefore b = -3$$
따라서 $a+b$의 값을 구하면
$$a+b = (-6) + (-3) = -9$$

**정답**  $-9$

---

**유제 09-1**  $(x^3 - 3x^2 + 5x + 7)(2x^2 - 3x - 1)$의 전개식에서 $x^2$, $x^4$의 계수를 각각 $a$, $b$라 할 때, $2a-b$의 값을 구하시오.

**유제 09-2**  $(2x+1)(2x^2 - kx + 3k)$의 전개식에서 모든 항의 계수들의 총합이 $-24$일 때, 상수 $k$의 값을 구하시오.

➡ 다항식의 나눗셈의 결과는 다항식일 수도 있고 아닐 수도 있다.

## [1] 다항식의 나눗셈에 대한 지수법칙

➡ 다항식의 나눗셈에서는 다음 지수법칙이 이용된다.

- $m$, $n$이 양의 정수이고 $a \neq 0$일 때

$$(1)\ a^m \div a^n = \frac{a^m}{a^n} = \begin{cases} a^{m-n} & (m > n \text{ 일 때}) \\ 1 & (m = n \text{ 일 때}) \\ \dfrac{1}{a^{n-m}} & (m < n \text{ 일 때}) \end{cases}$$

$$(2)\ \left(\frac{b}{a}\right)^n = \frac{b^n}{a^n}$$

> **체크** 확장된 지수법칙
>
> ➡ $m$이 양의 정수이고 $a \neq 0$일 때
>
> ① $a^{-m} = \dfrac{1}{a^m}$  ② $a^0 = 1$

## [2] 다항식의 나눗셈 계산법

(1) 직접계산법

　① 내림차순으로 정리하고 계수가 0인 항은 비워두고 계산한다.

　② 나누는 식이 단항식일 때 사용하면 편리하다.

(2) 계수분리법

　① 내림차순으로 정리하고 계수만 분리하여 계산한다.

　② 나누는 식이 2차 이상의 다항식일 때, 사용하면 편리하다.

(3) 조립제법

　① 내림차순으로 정리하고 나누어지는 식의 계수만 분리하여 우측에 놓고 나누는 1차식을 0으로 하는 $x$의 값을 좌측에 놓아 계산한다.

　② 나누는 식이 1차의 다항식일 때 사용하면 편리하다.

> **체크** 다항식의 나눗셈
>
> ➡ 나누는 식의 형식에 따라서 나누는 방법을 결정한다.
> 　① 단항식 → 직접계산법 이용
> 　② 다항식 → 계수분리법 이용
> 　③ 일차식 → 조립제법 이용

 **나눗셈에 대한 지수법칙은 음지수와 영지수를 이용하면 매우 편리하다!**

① $A^m \div A^n = A^{m-n} = \dfrac{A^m}{A^n}$  　② $A^{-m} = \dfrac{1}{A^m}$ ,  $A^0 = 1$ (단, $A \neq 0$)

③ $\left(\dfrac{B}{A}\right)^m = \dfrac{B^m}{A^m}$ (단, 분모 $A \neq 0$)

주의 　양지수는 분자가 되고 음지수는 분모가 되므로 분수식으로 고쳐 계산하면 편리하다.

## 기｜본｜예｜제 **10**

다음 중에서 옳지 않은 것을 모두 고르시오. (단, $a \neq 0$)

① $a^5 \div a^3 = a^2$  　② $a^5 \div a^5 = 1$  　③ $a^3 \div a^5 = a^2$

④ $\dfrac{a^5}{a^3} = a^2$  　⑤ $\dfrac{a^3}{a^5} = a^2$

**탐구** 　다음 지수법칙을 이용하면 편리하다. (단, $a \neq 0$)

① $a^{-m} = \dfrac{1}{a^m}$ (음지수)  　② $a^0 = 1$ (영지수)

**풀이** 　지수법칙을 이용하면

① $a^5 \div a^3 = a^{5-3} = a^2$ (○)  　② $a^5 \div a^5 = a^{5-5} = a^0 = 1$ (○)

③ $a^3 \div a^5 = a^{3-5} = a^{-2} = \dfrac{1}{a^2}$ (×)  　④ $\dfrac{a^5}{a^3} = a^{5-3} = a^2$ (○)

⑤ $\dfrac{a^3}{a^5} = a^{3-5} = a^{-2} = \dfrac{1}{a^2}$ (×)

따라서 옳지 않은 것을 모두 고르면 ③, ⑤이다.

**정답** 　③, ⑤

---

**유제 10-1** 　다음 지수법칙 중에서 옳지 않은 것을 모두 고르시오.

(단, $a \neq 0$이고 $m$, $n$은 양의 정수)

① $a^0 = 1$  　② $a^{-m} = \dfrac{1}{a^m}$  　③ $\dfrac{a^m}{a^n} = a^{m-n}$  　④ $\dfrac{a^m}{a^n} = a^{n-m}$  　⑤ $\dfrac{a^m}{a^m} = 0$

**유제 10-2** 　다음 중에서 옳지 않은 것을 모두 고르시오. (단, $x \neq 0$, $y \neq 0$)

① $\left(\dfrac{x}{y}\right)^2 = \dfrac{x^2}{y^2}$  　② $\left(\dfrac{x}{y}\right)^{-2} = \dfrac{y^2}{x^2}$  　③ $\left(\dfrac{x}{y}\right)^0 = 0$

④ $\left(\dfrac{x}{y}\right)^{-1} = \dfrac{y}{x}$  　⑤ $\left(-\dfrac{x}{y}\right)^{-2} = \dfrac{x^2}{y^2}$

다음 식을 계산하시오.

(1) $\left(\dfrac{1}{2}ab\right)^2 \times \left(-\dfrac{1}{3}a^2b\right)^3 \div \left(\dfrac{1}{2}ab^2\right)$

(2) $\left\{(a^2)^3\right\}^2 \div (-a)^3 \times (-a^2)^2$

**탐구** $m$, $n$이 양의 정수일 때, (단, $a \neq 0$)

① $a^m \times a^n = a^{m+n}$  ② $a^m \div a^n = a^{m-n}$  ③ $(a^m)^n = a^{mn}$

④ $(ab)^n = a^n b^n$  ⑤ $\left(\dfrac{a}{b}\right)^n = \dfrac{a^n}{b^n}$ (단, $b \neq 0$)

**풀이** (1) 지수법칙을 이용하여 간단히 하면

$$(준식) = \dfrac{1}{4}a^2b^2 \times \left(-\dfrac{1}{27}a^6b^3\right) \div \left(\dfrac{1}{2}ab^2\right) = \dfrac{1}{4} \times \left(-\dfrac{1}{27}\right) \times 2 \times a^2b^2 \times a^6b^3 \div (ab^2)$$

$$= -\dfrac{1}{54}a^{2+6-1}b^{2+3-2} = -\dfrac{1}{54}a^7b^3$$

(2) 지수법칙을 이용하여 간단히 하면

$$(준식) = (a^6)^2 \div (-a^3) \times a^4 = a^{12} \div (-a^3) \times a^4 = -a^{12-3+4} = -a^{13}$$

**정답** (1) $-\dfrac{1}{54}a^7b^3$  (2) $-a^{13}$

---

**유제 11-1** $(3x^3y^2z)^2 \times 4x^2y^3z \div (-2xy^3z^2) \div (xyz)$ 를 간단히 하시오.

**유제 11-2** $\left(\dfrac{1}{2}a^2bx\right) \times \left(-\dfrac{2}{3}aby\right)^2 \div \left(\dfrac{4}{3}bxy\right)^2$ 을 간단히 하시오.



$2^{x+1} = A$일 때, $2^{3x-2}$를 $A$의 식으로 나타내시오.

**탐구** 뼈다귀 $2^x$에 주목하라!

**풀이** $2^{x+1} = A$  $2^x \times 2 = A$  $\therefore 2^x = \dfrac{A}{2}$

$$2^{3x-2} = (2^x)^3 \times 2^{-2} = \left(\dfrac{A}{2}\right)^3 \times \dfrac{1}{4} = \dfrac{A^3}{32}$$

**정답** $\dfrac{A^3}{32}$

  $3^{x-1} = A$일 때, $9^{x+1}$을 $A$의 식으로 나타내시오.

유제 12-2  $4^{x-1} = 4A^2$일 때, $2^{x-2}$을 $A$의 식으로 나타내시오.

---

**강의  다항식의 나눗셈 계산법은 나누는 식에 따라 달라진다!**

→ (나누어지는 식) ÷ (나누는 식)에서 나누는 식에 따라 방법을 결정한다.

→ 나누는 식
  - 단항식 → 직접계산법 이용
  - 다항식 → 계수분리법 이용
  - 일차식 → 조립제법 이용

---

## 기 | 본 | 예 | 제 13

다음 다항식의 나눗셈에서 몫과 나머지를 구하시오.

$$(4x^5 - 2x^4 - 6x^2 - 3x + 5) \div 2x^2$$

**탐구**  나누는 식이 단항식 → 직접계산법 이용!

**풀이**  나누는 식 $2x^2$이 단항식이므로 직접나눗셈을 하면

$$
\begin{array}{r}
2x^3 - \phantom{0}x^2 + 0x - 3 \\
2x^2 \overline{)\, 4x^5 - 2x^4 + 0x^3 - 6x^2 - 3x + 5} \\
\underline{4x^5 - 2x^4 + 0x^3 - 6x^2 \phantom{- 3x + 5}} \\
-3x + 5
\end{array}
$$

다항식의 나눗셈에서 몫은 $2x^3 - x^2 - 3$이고 나머지는 $-3x + 5$이다.

**✔ 정답**  몫 : $2x^3 - x^2 - 3$, 나머지 : $-3x + 5$

---

유제 13-1  $(3x^4 - 6x^3 + 6x^2 - 2x) \div 3x^2$에서 몫과 나머지를 구하시오.

유제 13-2  $(x^5 - 2x^4 + 4x^3 - 3x^2 + x - 1) \div 2x^3$에서 몫과 나머지를 구하시오.

다음 다항식의 나눗셈을 하여 몫과 나머지를 구하시오.

$$(6x^4 - 4x^2 + 3x - 2) \div (x^2 - 2x + 2)$$

**탐구**    나누는 식이 2차 이상의 다항식 → 계수분리법 이용!

**풀이**    나누는 식 $x^2 - 2x + 2$가 2차의 다항식이므로 계수를 분리하여 나눗셈을 하면

$$
\begin{array}{r}
6 \quad 12 \quad\ 8 \\
1 - 2\ 2\,\overline{)\,6 \quad\ 0 \quad -4 \quad\ 3 \quad -2} \\
\underline{6 \quad -12 \quad 12\phantom{00000}} \\
12 \quad -16 \quad\ 3\phantom{00} \\
\underline{12 \quad -24 \quad 24\phantom{00}} \\
8 \quad -21 \quad -2 \\
\underline{8 \quad -16 \quad 16} \\
-5 \quad -18
\end{array}
$$

다항식의 나눗셈에서 몫은 $6x^2 + 12x + 8$이고 나머지는 $-5x - 18$이다.

**정답**    몫 : $6x^2 + 12x + 8$, 나머지 : $-5x - 18$

---

**유제 14-1**    $(2x^4 + x^3 - 5x^2 - 5x - 9) \div (x^2 - 2)$를 계산하여 몫과 나머지를 구하시오.

**유제 14-2**    다항식 $x^4 - 2x^3 + 2x^2 - 6x - 3$을 다항식 $A$로 나누었을 때의 몫이 $x^2 - 2x - 1$이고 나머지가 0일 때, 다항식 $A$를 구하시오.



다항식 $x^3 - 4x^2 + x - 5$를 $x - 2$로 나누었을 때의 몫과 나머지를 구하시오.

**탐구**    나누는 식이 1차의 다항식 → 조립제법 이용!

**풀이**    (나누는 식)$=0$의 해를 구하면

$$x - 2 = 0 \quad \therefore\ x = 2$$

나누는 식이 1차의 다항식이므로 조립제법을 이용하면

$$
\begin{array}{r|rrrr}
2 & 1 & -4 & 1 & -5 \\
  &   & 2 & -4 & -6 \\
\hline
  & 1 & -2 & -3 & \boxed{-11} \ \to R
\end{array}
$$

다항식의 나눗셈에서 몫은 $x^2 - 2x - 3$이고 나머지는 $-11$이다.

**정답**    몫 : $x^2 - 2x - 3$, 나머지 : $-11$

 $(3x^3 - 2x^2 - 5) \div (x-1)$의 몫과 나머지를 구하시오.

 $(x^4 - x^3 - 3x^2 - x + 3) \div (x+2)$의 몫과 나머지를 조립제법을 이용하여 구하는 과정이다. 상수 $a$, $b$, $c$, $d$에 대하여 $a+b+c+d$의 값을 구하시오.

$$
\begin{array}{r|rrrrr}
a & 1 & -1 & -3 & -1 & 3 \\
  &   & -2 & c  & -6 & 14 \\
\hline
  & 1 & b  & 3  & d  & \boxed{17}
\end{array}
$$

## 기 | 본 | 예 | 제 16

$(2x^3 - 7x^2 + 9) \div (2x - 3)$의 **몫과 나머지를 구하시오.**

**탐구**    $f(x)$를 $ax+b$로 나눌 때 → 몫은 $f(x)$를 $x + \dfrac{b}{a}$로 나누었을 때의 몫의 $\dfrac{1}{a}$배

→ 나머지는 그대로

**풀이**    (나누는 식)$=0$의 해를 구하면

$$2x - 3 = 0 \qquad \therefore x = \frac{3}{2}$$

나누는 식이 1차의 다항식이므로 조립제법을 이용하면

$$
\begin{array}{r|rrrr}
\frac{3}{2} & 2 & -7 & 0 & 9 \\
            &   & 3  & -6 & -9 \\
\hline
            & 2 & -4 & -6 & \boxed{0} \;\to\; R
\end{array}
$$

몫을 나누는 식의 1차항의 계수로 나누어 구하면

$$\frac{1}{2}(2x^2 - 4x - 6) = x^2 - 2x - 3$$

다항식의 나눗셈에서 몫은 $x^2 - 2x - 3$이고, 나머지는 $0$이다.

**정답**    몫 : $x^2 - 2x - 3$, 나머지 : $0$

---

 $(2x^3 - x^2 - 2x + 3) \div (2x - 1)$의 몫과 나머지를 구하시오.

 $(3x^4 + x^3 - 5x^2 + 5x + 1) \div (3x - 2)$의 몫과 나머지를 구하시오.

## 1 곱셈공식( Ⅰ )

→ 완전제곱꼴의 곱셈공식이다.

(1) $(x \pm y)^2 = x^2 + y^2 \pm 2xy$

(2) $(x+y+z)^2 = x^2 + y^2 + z^2 + 2xy + 2yz + 2zx$

---

**강의** 곱셈공식( Ⅰ )은 완전제곱식을 전개하는 공식이다!

→ 완전제곱꼴의 곱셈공식!

① $(a+b)^2 = a^2 + b^2 + 2ab$

② $(a+b+c)^2 = a^2 + b^2 + c^2 + 2ab + 2bc + 2ca$

---

### 기|본|예|제 17

다음을 전개하시오.

(1) $(2x+3y)^2$        (2) $(3x-2y)^2$

**탐구**   $(a \pm b)^2 = a^2 \pm 2ab + b^2$

**풀이**  
(1) (준식) $= (2x)^2 + 2 \times 2x \times 3y + (3y)^2$
$$= 4x^2 + 12xy + 9y^2$$

(2) (준식) $= (3x)^2 - 2 \times 3x \times 2y + (2y)^2$
$$= 9x^2 - 12xy + 4y^2$$

**정답**   (1) $4x^2 + 12xy + 9y^2$    (2) $9x^2 - 12xy + 4y^2$

---

**유제 17-1**   다음을 전개하시오.

(1) $(4a-b)^2$        (2) $(2a+5b)^2$

**유제 17-2**   $(x-2y)^2 - (2x-y)^2$을 계산하시오.

다음을 전개하시오.

(1) $(a-b-c)^2$        (2) $(x+y-z)^2$

**탐구**

① $\{a+(-b)+(-c)\}^2$으로 놓고 전개한다.

② $\{x+y+(-z)\}^2$으로 놓고 전개한다.

**풀이**

(1) (준식) $= \{a+(-b)+(-c)\}^2$

$= a^2+(-b)^2+(-c)^2+2\times a\times(-b)+2\times(-b)\times(-c)+2\times(-c)\times a$

$= a^2+b^2+c^2-2ab+2bc-2ca$

(2) (준식) $= \{x+y+(-z)\}^2$

$= x^2+y^2+(-z)^2+2\times x\times y+2\times y\times(-z)+2\times(-z)\times x$

$= x^2+y^2+z^2+2xy-2yz-2zx$

**정답**

(1) $a^2+b^2+c^2-2ab+2bc-2ca$      (2) $x^2+y^2+z^2+2xy-2yz-2zx$

---

**유제 18-1** 다음을 전개하시오.

(1) $(\sqrt{a}+\sqrt{b}+\sqrt{c})^2$        (2) $(\sqrt{a}-\sqrt{b}+\sqrt{c})^2$

**유제 18-2** 다음을 전개하시오.

(1) $(x+2y+3z)^2$        (2) $(x-2y+3z)^2$

**유제 18-3** $(2x-4y-1)^2$을 전개하시오.

→ 합과 차의 곱은 부호가 같은 것의 제곱과 부호가 다른 것의 제곱의 차로 전개된다.

(1) $(x+y)(x-y) = x^2 - y^2$

(2) $(x+y)(y-x) = y^2 - x^2$

---

**강의** **곱셈공식(Ⅱ)는 합과 차의 곱을 전개하는 것이다!**

→ 합과 차의 곱 = (부호가 같은 것)$^2$ − (부호가 다른 것)$^2$

→ ① $(x+y)(y-x) = y^2 - x^2$　② $(x+y)(x-y) = x^2 - y^2$

**주의** $(x-y)(y-x) = -(x-y)^2 = -x^2 + 2xy - y^2$

---

**기|본|예|제 19**

다음 식을 전개하시오.

(1) $(2x-3y)(2x+3y)$

(2) $\left(\dfrac{1}{2}x+y\right)\left(-\dfrac{1}{2}x+y\right)$

**탐구**　합과 차의 곱 = (부호가 같은 것)$^2$ − (부호가 다른 것)$^2$

**풀이**　(1) (준식) $= (2x)^2 - (3y)^2 = 4x^2 - 9y^2$

　　　　(2) (준식) $= y^2 - \left(\dfrac{1}{2}x\right)^2 = y^2 - \dfrac{1}{4}x^2$

**정답**　(1) $4x^2 - 9y^2$　(2) $y^2 - \dfrac{1}{4}x^2$

---

**유제 19-1**　다음 식을 전개하시오.

(1) $(4a-3b)(4a+3b)$

(2) $\left(-\dfrac{1}{3}a+\dfrac{1}{4}b\right)\left(-\dfrac{1}{3}a-\dfrac{1}{4}b\right)$

**유제 19-2**　$(2x+y)(2x-y) - (x-2y)(-x-2y)$를 계산하시오.

→ 곱셈의 결과는 2차 3항꼴이다.

→ $(ax+b)(cx+d)=acx^2+(ad+bc)x+bd$

**강의** **곱셈공식(Ⅲ)은 1차식과 1차식의 곱을 전개하는 공식이다!**

→ (1차식)(1차식)=2차 3항꼴

→ (머리+꼬리)(머리+꼬리)=(머리×머리)$x^2$+(밖쪽곱+안쪽곱)$xy$+(꼬리×꼬리)$y^2$

① $(x+a)(x+b)=x^2+(a+b)x+ab$

② $(ax+by)(cx+dy)=acx^2+(ad+bc)xy+bdy^2$

---

**기|본|예|제 20**

$(x-y)(x+y)(x^2+y^2)(x^4+y^4)(x^8+y^8)$을 전개하시오.

**탐구**    $(a+b)(a-b)=a^2-b^2$을 반복 이용한다.

**풀이**    앞에서부터 2개씩 짝을 지어 전개해나가면

$$
\begin{aligned}
(준식) &= \{(x-y)(x+y)\}(x^2+y^2)(x^4+y^4)(x^8+y^8)\\
&= \{(x^2-y^2)(x^2+y^2)\}(x^4+y^4)(x^8+y^8)\\
&= \{(x^4-y^4)(x^4+y^4)\}(x^8+y^8)\\
&= (x^8-y^8)(x^8+y^8)\\
&= x^{16}-y^{16}
\end{aligned}
$$

**정답**    $x^{16}-y^{16}$

---

**유제 20-1**    $(x-1)(x+1)(x^2+1)(x^4+1)(x^8+1)(x^{16}+1)$을 전개하시오.

**유제 20-2**    $2(3+1)(3^2+1)(3^4+1)=3^8+\boxed{\phantom{x}}$에서 $\boxed{\phantom{x}}$ 안에 들어갈 수를 구하시오.

$(a+b)(a-b)=a^2-b^2$임을 이용하여 다음을 계산하시오.

(1) $49 \times 51$ 　　　　　　　　　　　(2) $1.7 \times 2.3$

**탐구** 　수를 $(a+b)(a-b)$의 꼴로 변형하여 공식을 이용한다.

**풀이** 　(1) $49 \times 51 = (50-1)(50+1) = 50^2 - 1^2 = 2500 - 1 = 2499$

　　　　(2) $1.7 \times 2.3 = (2-0.3)(2+0.3) = 2^2 - 0.3^2 = 4 - 0.09 = 3.91$

**정답** 　(1) $2499$ 　　　(2) $3.91$

---

**유제 21-1** 　$(a+b)(a-b)=a^2-b^2$ 임을 이용하여 다음을 계산하시오.

　　　　(1) $34 \times 26$ 　　　　　　　　(2) $10.5 \times 9.5$

**유제 21-2** 　$(a+b)(a-b)=a^2-b^2$ 임을 이용하여 다음을 계산하시오.

$$\frac{2024 \times 2026 + 1}{2025}$$



다음 식을 전개하시오.

(1) $(x-3y)(x+2y)$ 　　　　　　　　(2) $(2x+3y)(4x-5y)$

**탐구** 　$(ax+by)(cx+dy) = (머리 \times 머리)x^2 + (ad+bc)xy + (꼬리 \times 꼬리)y^2$

**풀이** 　(1) $(준식) = x^2 + (-3+2)xy + (-3) \times 2y^2 = x^2 - xy - 6y^2$

　　　　(2) $(준식) = 2 \times 4x^2 + \{2 \times (-5) + 3 \times 4\}xy + 3 \times (-5)y^2 = 8x^2 + 2xy - 15y^2$

**정답** 　(1) $x^2 - xy - 6y^2$ 　　　(2) $8x^2 + 2xy - 15y^2$

---

**유제 22-1** 　다음 식을 전개하시오.

　　　　(1) $(x+7y)(x-3y)$ 　　　　　　(2) $(6x+5y)(4x-3y)$

**유제 22-2** 　$(5a+4b)(3a+2b) - (a+5b)(3a-2b)$를 계산하시오.

➜ 완전세제곱꼴의 곱셈공식이다.

(1) $(x+y)^3 = x^3 + 3x^2y + 3xy^2 + y^3$

(2) $(x-y)^3 = x^3 - 3x^2y + 3xy^2 - y^3$

---

**강의** 곱셈공식(Ⅳ)는 완전세제곱식을 전개하는 공식이다!

➜ 완전세제곱꼴＝3차 4항꼴

① $(x+y)^3 = x^3 + 3x^2y + 3xy^2 + y^3$ ; 3차 4항꼴

② $(x-y)^3 = x^3 - 3x^2y + 3xy^2 - y^3$ ; 3차 4항꼴 : $-y$에 유의!

---

### 기｜본｜예｜제 **23**

다음 식을 전개하시오.

(1) $(2x+3y)^3$                          (2) $(3x-2y)^3$

**탐구**

① $(x+y)^3 = x^3 + 3x^2y + 3xy^2 + y^3$

② $(x-y)^3 = x^3 - 3x^2y + 3xy^2 - y^3$ ($y$가 홀수 차일 때만 $-$를 붙인다.)

**풀이**

(1) $(준식) = (2x)^3 + 3 \times (2x)^2 \times 3y + 3 \times 2x \times (3y)^2 + (3y)^3$

$\qquad\qquad = 8x^3 + 36x^2y + 54xy^2 + 27y^3$

(2) $(준식) = (3x)^3 - 3 \times (3x)^2 \times 2y + 3 \times 3x \times (2y)^2 - (2y)^3$

$\qquad\qquad = 27x^3 - 54x^2y + 36xy^2 - 8y^3$

**정답** (1) $8x^3 + 36x^2y + 54xy^2 + 27y^3$    (2) $27x^3 - 54x^2y + 36xy^2 - 8y^3$

---

**유제 23-1** 다음 식을 전개하시오.

(1) $(2x+3)^3$                      (2) $(x-2y)^3$

**유제 23-2** $(a+b)^3 - (a-b)^3$을 계산하시오.

→ 곱셈의 결과는 3차 4항꼴이다.

(1) $(x+a)(x+b)(x+c) = x^3 + (a+b+c)x^2 + (ab+bc+ca)x + abc$

(2) $(x-a)(x-b)(x-c) = x^3 - (a+b+c)x^2 + (ab+bc+ca)x - abc$

---

**강의** **곱셈공식(V)는 괄호 셋이고, 머리 同인 식을 전개하는 공식이다!**

→ $(x+a)(x+b)(x+c)$ → 괄호 3개, 머리 同

① $(x+a)(x+b)(x+c) = x^3 + (a+b+c)x^2 + (ab+bc+ca)x + abc$

② $(x-a)(x-b)(x-c) = x^3 - (a+b+c)x^2 + (ab+bc+ca)x - abc$ ; 부호 주의!

同(같을 동)

---

## 기 | 본 | 예 | 제 24

다음 식을 전개하시오.

(1) $(x+1)(x+2)(x+3)$  (2) $(x-1)(x-2)(x-3)$

**탐구** 괄호 셋, 머리同 $(x+a)(x+b)(x+c) = x^3 + (a+b+c)x^2 + (ab+bc+ca)x + abc$

**풀이** (1) (준식) $= x^3 + (1+2+3)x^2 + (1\times2+2\times3+3\times1)x + 1\times2\times3$

$= x^3 + 6x^2 + 11x + 6$

(2) (준식) $= x^3 - (1+2+3)x^2 + (1\times2+2\times3+3\times1)x - 1\times2\times3$

$= x^3 - 6x^2 + 11x - 6$

**정답** (1) $x^3 + 6x^2 + 11x + 6$  (2) $x^3 - 6x^2 + 11x - 6$

---

**유제 24-1** 다음 식을 전개하시오.

(1) $(x+1)(x-2)(x+3)$  (2) $(x-1)(x+2)(x-3)$

**유제 24-2** $x+y+z=3$, $xy+yz+zx=2$, $xyz=1$일 때, $(x+y)(y+z)(z+x)$의 값을 구하시오.

→ (1차식)×(2차식)은 3차의 다항식으로 전개된다.

(1) $(x+y)(x^2-xy+y^2)=x^3+y^3$

(2) $(x-y)(x^2+xy+y^2)=x^3-y^3$

(3) $(x+y+z)(x^2+y^2+z^2-xy-yz-zx)=x^3+y^3+z^3-3xyz$

---

**강의** **곱셈공식(Ⅵ)은 1차식과 2차식의 곱을 전개하는 공식이다!**

→ (1차식)(2차식)=(3차식) → 부호 주의!

① $(a+b)(a^2-ab+b^2)=a^3+b^3$

② $(a-b)(a^2+ab+b^2)=a^3-b^3$

③ $(a+b+c)(a^2+b^2+c^2-ab-bc-ca)=a^3+b^3+c^3-3abc$

---

**기|본|예|제 25**

다음 식을 전개하시오.

**(1)** $(x-1)(x+1)(x^2+x+1)(x^2-x+1)$

**(2)** $(x+y-3)(x^2+y^2+9-xy+3y+3x)$

**탐구** ① 곱셈공식을 이용할 수 있도록 짝을 지어 전개한다.

 ⅰ) $(x+y)(x^2-xy+y^2)=x^3+y^3$

 ⅱ) $(x-y)(x^2+xy+y^2)=x^3-y^3$

② 다음 곱셈공식에 $z=-3$을 대입한 것이다.

$$(x+y+z)(x^2+y^2+z^2-xy-yz-zx)=x^3+y^3+z^3-3xyz$$

**풀이** (1) 공식을 이용할 수 있도록 짝을 지어 전개하면

$$(준식)=\{(x-1)(x^2+x+1)\}\{(x+1)(x^2-x+1)\}$$
$$=(x^3-1)(x^3+1)=x^6-1$$

(2) $(x+y+z)(x^2+y^2+z^2-xy-yz-zx)=x^3+y^3+z^3-3xyz$에서 $z=-3$이므로 주어진 식을 전개하면

$$(준식)=x^3+y^3+(-3)^3-3xy\times(-3)$$
$$=x^3+y^3-27+9xy$$
$$=x^3+y^3+9xy-27$$

**정답** (1) $x^6-1$ (2) $x^3+y^3+9xy-27$

---

**유제 25-1** 다음 식을 전개하시오.

    (1) $(2a+3b)(4a^2-6ab+9b^2)$

    (2) $(x+y-2)(x^2+y^2+4-xy+2y+2x)$

**유제 25-2** 다음 식을 전개하시오.

    (1) $(x-2)(x+2)(x^2+2x+4)(x^2-2x+4)$

    (2) $(x+2y+3z)(x^2+4y^2+9z^2-2xy-6yz-3zx)$

---

**강의** **곱셈공식(Ⅵ)의 활용 문제는 짝을 잘 찾아 곱한 후 전개한다!**

① $x^2+x+1=0$      $(x-1)(x^2+x+1)=0$

    $x^3-1=0$    $\therefore\ x^3=1$

② $x^2-x+1=0$      $(x+1)(x^2-x+1)=0$

    $x^3+1=0$    $\therefore\ x^3=-1$

---

## 기 | 본 | 예 | 제 26

$x^2+x+1=0$일 때, $x^{101}+x^{100}$의 값을 구하시오.

**탐구** $\quad x^2+x+1=0 \ \rightarrow\ (x-1)(x^2+x+1)=0 \ \rightarrow\ x^3-1=0 \ \rightarrow\ x^3=1$ 이용

**풀이** $\quad$ 조건식의 양변에 $x-1$을 곱하여 정리하면

    $(x-1)(x^2+x+1)=0 \quad x^3-1=0 \quad \therefore\ x^3=1$

    (준식)$=(x^3)^{33}x^2+(x^3)^{33}x=x^2+x=-1$

**정답** $\quad -1$

---

**유제 26-1** $x^2-x+1=0$일 때, $x^{101}-x^{100}$의 값을 구하시오.

**유제 26-2** $x^2+x+1=0$일 때, $x^{1001}+x^{997}-1$의 값을 구하시오.

→ (2차식)(2차식)은 4차의 다항식으로 전개된다.

(1) $(x^2+ax+a^2)(x^2-ax+a^2)=x^4+a^2x^2+a^4$

(2) $(x^2+xy+y^2)(x^2-xy+y^2)=x^4+x^2y^2+y^4$

---

**강의** 곱셈공식(Ⅶ)은 중앙항의 부호가 다른 2차식의 곱을 전개하는 공식이다!

→ (중앙항의 부호가 다른 2차식의 곱)=(제곱)+(제곱)+(제곱)

→ $(x^2+xy+y^2)(x^2-xy+y^2)=(x^2)^2+(xy)^2+(y^2)^2$
$$=x^4+x^2y^2+y^4$$

---

**기|본|예|제 27**

다음 식을 전개하시오.

(1) $(x^2+x+1)(x^2-x+1)$ 　　　　(2) $(x^2+3x+9)(x^2-3x+9)$

**탐구** (중앙항의 부호가 다른 2차식의 곱)=(제곱)+(제곱)+(제곱)

**풀이** (1) (준식)$=(x^2)^2+x^2+1^2=x^4+x^2+1$

(2) (준식)$=(x^2)^2+(3x)^2+9^2=x^4+9x^2+81$

**정답** (1) $x^4+x^2+1$ 　　　(2) $x^4+9x^2+81$

---

**유제 27-1** 다음 식을 전개하시오.

(1) $(x^2+2x+4)(x^2-2x+4)$

(2) $(4x^2+6xy+9y^2)(4x^2-6xy+9y^2)$

**유제 27-2** 다음 식을 전개하시오.

(1) $(4a^2+2a+1)(4a^2-2a+1)$

(2) $(9a^2+12ab+16b^2)(9a^2-12ab+16b^2)$

(1) 동일부분을 $X$로 치환하여 전개한 후 다시 환원한다.

(2) 동일부분을 한 묶음으로 보고 전개한다.

---

**강의** **동일부분은 치환하고 공통부분은 추출하는 것이다!**

① 동일부분 → 치환 이용

② 공통부분 → 추출 이용

---

**기|본|예|제 28**

다음 식을 전개하시오.

(1) $(x^2-x-3)(x^2-x+1)$

(2) $(x-1)(x+1)(x+2)(x+4)$

**탐구** ① 동일부분 → 치환 이용     ② 두 개씩 짝지어 전개한 후 동일부분 치환

**풀이** (1) $x^2-x=X$로 치환하면

$$(준식)=(X-3)(X+1)=X^2-2X-3$$

$X=x^2-x$로 환원하면

$$(x^2-x)^2-2(x^2-x)-3=x^4-2x^3+x^2-2x^2+2x-3$$
$$=x^4-2x^3-x^2+2x-3$$

(2) 치환할 것을 고려하여 두 개씩 짝지어 전개하면

$$(준식)=\{(x-1)(x+4)\}\{(x+1)(x+2)\}=(x^2+3x-4)(x^2+3x+2)$$

$x^2+3x=X$로 치환하면

$$(X-4)(X+2)=X^2-2X-8$$

$X=x^2+3x$로 환원하면

$$(x^2+3x)^2-2(x^2+3x)-8=x^4+6x^3+9x^2-2x^2-6x-8$$
$$=x^4+6x^3+7x^2-6x-8$$

**정답** (1) $x^4-2x^3-x^2+2x-3$     (2) $x^4+6x^3+7x^2-6x-8$

---

**유제 28-1** $(x-2)(x+2)(x-1)(x-5)$를 전개하시오.

**유제 28-2** $(x-y+z)(x+y-z)$를 전개하시오.

# 04 곱셈공식의 변형

## 1 변형공식 ( I )

→ 곱셈공식을 사용하기 좋게 변형한 공식이다.

(1) $x^2+y^2=(x+y)^2-2xy$

(2) $x^2+y^2=(x-y)^2+2xy$

(3) $x^2+y^2+z^2=(x+y+z)^2-2(xy+yz+zx)$

**강의** 변형공식( I )은 완전제곱식으로 변형하는 공식이다!

→ 곱셈공식 → 변형공식

① $(a+b)^2=a^2+b^2+2ab \rightarrow a^2+b^2=(a+b)^2-2ab$

② $(a-b)^2=a^2+b^2-2ab \rightarrow a^2+b^2=(a-b)^2+2ab$

③ $(a+b+c)^2=a^2+b^2+c^2+2(ab+bc+ca)$

$\rightarrow a^2+b^2+c^2=(a+b+c)^2-2(ab+bc+ca)$

### 기 | 본 | 예 | 제 29

$x+y=3$, $xy=2$일 때, $x^2+y^2$의 값을 구하시오.

**탐구** 변형공식 $x^2+y^2=(x+y)^2-2xy$를 이용한다.

**풀이**
$$x^2+y^2=(x+y)^2-2xy$$
$$=3^2-2\times2=5$$

**정답** 5

**유제 29-1** $x-y=1$, $xy=2$일 때, $x^2+y^2$의 값을 구하시오.

**유제 29-2** $x+y=3$, $x^2+y^2=5$일 때, $xy$의 값을 구하시오.

$(x+y)^2=5$, $xy=1$일 때, $x^4+y^4$의 값을 구하시오.

**탐구** $(x^2)^2+(y^2)^2=(x^2+y^2)^2-2x^2y^2$을 이용한다.

**풀이** $x^2+y^2=(x+y)^2-2xy=5-2\times1=3$

$x^4+y^4=(x^2)^2+(y^2)^2=(x^2+y^2)^2-2x^2y^2=(x^2+y^2)^2-2(xy)^2=3^2-2\times1=7$

**정답** 7

---

**유제 30-1** $a+b=2$, $ab=-3$일 때, $\dfrac{b}{a}+\dfrac{a}{b}$의 값을 구하시오.

**유제 30-2** $x-y=1$, $x^2+y^2=13$일 때, 다음 식의 값을 구하시오.

(1) $x^4+y^4$ 　　　　　　　　　　(2) $\dfrac{y}{x}+\dfrac{x}{y}$



$a+b+c=6$, $ab+bc+ca=5$일 때, $a^2+b^2+c^2$의 값을 구하시오.

**탐구** 변형공식 $a^2+b^2+c^2=(a+b+c)^2-2(ab+bc+ca)$를 이용한다.

**풀이** $a^2+b^2+c^2=(a+b+c)^2-2(ab+bc+ca)=6^2-2\times5=26$

**정답** 26

---

**유제 31-1** $a+b+c=5$, $a^2+b^2+c^2=7$, $abc=3$일 때, $\dfrac{1}{a}+\dfrac{1}{b}+\dfrac{1}{c}$의 값을 구하시오.

**유제 31-2** 오른쪽 그림과 같은 직육면체의 모든 모서리의 길이의 합은 40이고 대각선의 길이가 $\sqrt{24}$일 때, 이 직육면체의 겉넓이를 구하시오.

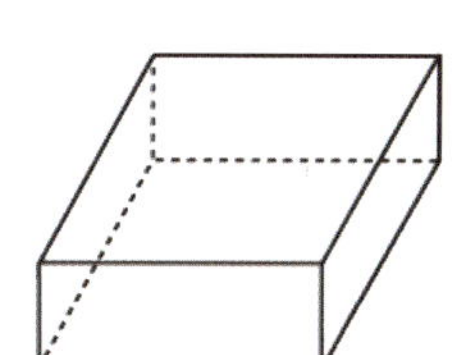

→ 차를 알고 합을 구하거나 합을 알고 차를 구할 때 이용한다.

(1) $(x+y)^2 = (x-y)^2 + 4xy$

(2) $(x-y)^2 = (x+y)^2 - 4xy$

---

**강의** **변형공식(Ⅱ)은 차를 알고 합을 구할 때, 합을 알고 차를 구할 때 쓰는 공식이다!**

→ 차를 알고 합을 구할 때 or 합을 알고 차를 구할 때

① $(a+b)^2 = (a-b)^2 + 4ab$

② $(a-b)^2 = (a+b)^2 - 4ab$

---

### 기|본|예|제 **32**

$x+y=3$, $xy=2$일 때, $x-y$의 값을 구하시오.

**탐구** 차를 구하므로 $(x-y)^2 = (x+y)^2 - 4xy$ 이용!

**풀이** $(x-y)^2 = (x+y)^2 - 4xy$

$\qquad\qquad = 3^2 - 4 \times 2 = 1$

$\qquad \therefore\ x-y = \pm 1$

**정답** $\pm 1$

---

**유제 32-1** $x-y = \sqrt{17}$, $xy=2$일 때, $x+y$의 값을 구하시오.

**유제 32-2** $x-y=1$, $x^2+y^2=5$일 때, 다음을 구하시오. (단, $x$, $y$는 양수)

(1) $xy$          (2) $x+y$          (3) $\dfrac{y}{x} + \dfrac{x}{y}$

➜ 변형공식 또는 인수분해를 이용한다.

(1) $x^3+y^3=(x+y)^3-3xy(x+y)=(x+y)(x^2-xy+y^2)$

(2) $x^3-y^3=(x-y)^3+3xy(x-y)=(x-y)(x^2+xy+y^2)$

**강의** **변형공식(Ⅲ)은 완전제곱식으로 변형하는 공식이다!**

➜ 세제곱의 합 or 차 → 변형공식 or 인수분해 이용

① $a^3+b^3=(a+b)^3-3ab(a+b)=(a+b)(a^2-ab+b^2)$

② $a^3-b^3=(a-b)^3+3ab(a-b)=(a-b)(a^2+ab+b^2)$

## 기 | 본 | 예 | 제 **33**

$a+b=1$, $ab=-2$일 때, 다음을 구하시오.

(1) $a^2+b^2$        (2) $a-b$        (3) $a^3+b^3$

**탐구**    세제곱의 합 → 변형공식 이용! ; $a^3+b^3=(a+b)^3-3ab(a+b)$

**풀이**    (1) $a^2+b^2=(a+b)^2-2ab$

$$=1^2-2\times(-2)=5$$

(2) $(a-b)^2=(a+b)^2-4ab$

$$=1^2-4\times(-2)=9$$

$$\therefore a-b=\pm 3$$

(3) $a^3+b^3=(a+b)^3-3ab(a+b)$

$$=1^3-3\times(-2)\times 1=7$$

**정답**    (1) 5      (2) $\pm 3$      (3) 7

---

**유제 33-1**    $a-b=2$, $a^2+b^2=8$일 때, 다음을 구하시오.

(1) $ab$        (2) $a+b$        (3) $a^3-b^3$

**유제 33-2**    $x+y=3$, $x^3+y^3=9$일 때, 다음을 구하시오.

(1) $xy$        (2) $x-y$        (3) $x^2+y^2$

→ 준식에 2를 곱하고 변형한 후 2로 나눈 공식이다.

(1) $x^2+y^2+z^2-xy-yz-zx=\dfrac{1}{2}\{(x-y)^2+(y-z)^2+(z-x)^2\}$

(2) $x^2+y^2+z^2+xy+yz+zx=\dfrac{1}{2}\{(x+y)^2+(y+z)^2+(z+x)^2\}$

---

**강의** 변형공식(Ⅳ)는 $\dfrac{1}{2}\times 2$(준식)을 이용하여 세 개의 완전제곱식으로 변형하는 공식이다!

→ (준식) $=\dfrac{1}{2}\times 2$(준식) → $\dfrac{1}{2}$ (완전제곱식)

① $a^2+b^2+c^2+ab+bc+ca=\dfrac{1}{2}(2a^2+2b^2+2c^2+2ab+2bc+2ca)$

$\qquad\qquad\qquad\qquad\qquad\quad =\dfrac{1}{2}\{(a^2+2ab+b^2)+(b^2+2bc+c^2)+(c^2+2ca+a^2)\}$

$\qquad\qquad\qquad\qquad\qquad\quad =\dfrac{1}{2}\{(a+b)^2+(b+c)^2+(c+a)^2\}$

② $a^2+b^2+c^2-ab-bc-ca=\dfrac{1}{2}\{(a-b)^2+(b-c)^2+(c-a)^2\}$

---

### 기 | 본 | 예 | 제 **34**

$a^2+b^2+c^2-ab-bc-ca$의 변형 공식을 유도하시오.

**탐구** (준식) $=\dfrac{1}{2}\times 2$(준식)을 이용하여 완전제곱꼴로 변형한다.

**풀이** (준식) $=\dfrac{1}{2}\times 2(a^2+b^2+c^2-ab-bc-ca)=\dfrac{1}{2}(2a^2+2b^2+2c^2-2ab-2bc-2ca)$

$\qquad\quad =\dfrac{1}{2}\{(a^2-2ab+b^2)+(b^2-2bc+c^2)+(c^2-2ca+a^2)\}$

$\qquad\quad =\dfrac{1}{2}\{(a-b)^2+(b-c)^2+(c-a)^2\}$

**정답** 풀이참조

---

**유제 34-1** $x^2+y^2+z^2+xy+yz+zx=\dfrac{1}{2}\{(x+y)^2+(y+z)^2+(z+x)^2\}$을 유도하시오.

**유제 34-2** 삼각형의 세 변의 길이가 $a$, $b$, $c$일 때, $a^2+b^2+4c^2-ab-2bc-2ca=0$을 만족하는 삼각형이 어떤 삼각형인지 말하시오.

→ 역수 관계인 변형공식에서는 곱 $x \times \dfrac{1}{x} = 1$이 된다.

(1) $x^2 + \dfrac{1}{x^2} = \left(x - \dfrac{1}{x}\right)^2 + 2$, $x^2 + \dfrac{1}{x^2} = \left(x + \dfrac{1}{x}\right)^2 - 2$

(2) $\left(x - \dfrac{1}{x}\right)^2 = \left(x + \dfrac{1}{x}\right)^2 - 4$, $\left(x + \dfrac{1}{x}\right)^2 = \left(x - \dfrac{1}{x}\right)^2 + 4$

(3) $x^3 - \dfrac{1}{x^3} = \left(x - \dfrac{1}{x}\right)^3 + 3\left(x - \dfrac{1}{x}\right)$, $x^3 + \dfrac{1}{x^3} = \left(x + \dfrac{1}{x}\right)^3 - 3\left(x + \dfrac{1}{x}\right)$

---

**강의** 변형공식(Ⅴ)는 역수 관계일 때, $x \times \dfrac{1}{x} = 1$을 이용하는 변형공식이다!

→ 역수 관계 변형공식 : $x \times \dfrac{1}{x} = 1$

① $a^2 + b^2 = (a+b)^2 - 2ab$ → $x^2 + \dfrac{1}{x^2} = \left(x + \dfrac{1}{x}\right)^2 - 2$

② $(a-b)^2 = (a+b)^2 - 4ab$ → $\left(x - \dfrac{1}{x}\right)^2 = \left(x + \dfrac{1}{x}\right)^2 - 4$

③ $a^3 - b^3 = (a-b)^3 + 3ab(a-b)$ → $x^3 - \dfrac{1}{x^3} = \left(x - \dfrac{1}{x}\right)^3 + 3\left(x - \dfrac{1}{x}\right)$

**주의** 역수 관계

① $x \times \dfrac{1}{x} = 1$    ② $\dfrac{b}{a} \times \dfrac{a}{b} = 1$    ③ $a^x \times a^{-x} = 1$

---

**기|본|예|제 35**

$x - \dfrac{1}{x} = -1$일 때, $x^4 + \dfrac{1}{x^4}$의 값을 구하시오.

**탐구**    ① $x^2 + \dfrac{1}{x^2} = \left(x - \dfrac{1}{x}\right)^2 + 2$        ② $x^4 + \dfrac{1}{x^4} = (x^2)^2 + \left(\dfrac{1}{x^2}\right)^2 = \left(x^2 + \dfrac{1}{x^2}\right)^2 - 2$

**풀이**    $x^2 + \dfrac{1}{x^2} = \left(x - \dfrac{1}{x}\right)^2 + 2 = (-1)^2 + 2 = 3$

$x^4 + \dfrac{1}{x^4} = (x^2)^2 + \left(\dfrac{1}{x^2}\right)^2 = \left(x^2 + \dfrac{1}{x^2}\right)^2 - 2 = 3^2 - 2 = 7$

**정답**    7

$x - \dfrac{1}{x} = 3$일 때, 다음 식의 값을 구하시오.

(1) $x + \dfrac{1}{x}$ (2) $x^3 + \dfrac{1}{x^3}$



$x + \dfrac{1}{x} = 3$일 때, $x^5 + \dfrac{1}{x^5}$의 값을 구하시오.

## 기|본|예|제 **36**

$x - \dfrac{1}{x} = 2$일 때, $3x^3 - 2x^2 - \dfrac{2}{x^2} - \dfrac{3}{x^3}$의 값을 구하시오.

**탐구** 역수 관계식 문제는 변형공식을 이용하여 계산한다.

**풀이** 
$$(준식) = 3\left(x^3 - \dfrac{1}{x^3}\right) - 2\left(x^2 + \dfrac{1}{x^2}\right)$$
$$= 3\left\{\left(x - \dfrac{1}{x}\right)^3 + 3\left(x - \dfrac{1}{x}\right)\right\} - 2\left\{\left(x - \dfrac{1}{x}\right)^2 + 2\right\}$$
$$= 3(8+6) - 2(4+2) = 30$$

**정답** 30



$x + \dfrac{1}{x} = 2$일 때, 다음 식의 값을 구하시오.

$$x^3 + 2x^2 - 3x + 1 - \dfrac{3}{x} + \dfrac{2}{x^2} + \dfrac{1}{x^3}$$



$x + \dfrac{1}{x} = 4$일 때, 다음 식의 값을 구하시오. (단, $x > 1$)

$$2x^3 - x^2 + x - \dfrac{1}{x} - \dfrac{1}{x^2} - \dfrac{2}{x^3}$$

➔ 문자를 서로 바꾸어도 식이 변하지 않는 식을 **대칭식**이라 한다.
모든 대칭식은 기본대칭식으로 표시된다.

## [1] 2문자의 기본대칭식

➔ $x+y$, $xy$

## [2] 3문자의 기본대칭식

➔ $x+y+z$, $xy+yz+zx$, $xyz$

---

**강의** **대칭식 문제는 대칭식임을 파악하고 기본 대칭식으로 나타내어야 한다!**

➔ 출제 : 문자 호환 → 식 불변 → 대칭식

➔ 해법 : 기본대칭식 표시 → 값 대입 → 답

① 2문자 → $x+y$, $xy$

② 3문자 → $x+y+z$, $xy+yz+zx$, $xyz$

**주의** 특별한 대칭식의 변형

1단계 : $x+y$, $xy$ → $x^2+y^2$, $x^3+y^3$

2단계 : ① $x^5+y^5=(x^2+y^2)(x^3+y^3)-x^2y^3-x^3y^2$

② $x^6+y^6=(x^3+y^3)^2-2x^3y^3$

---

### 기 | 본 | 예 | 제 **37**

$x+y=3$, $xy=2$일 때, $x^6+y^6$의 값을 구하시오.

**탐구** $x^6+y^6=(x^3+y^3)^2-2x^3y^3$을 이용한다.

**풀이** $x^3+y^3=(x+y)^3-3xy(x+y)=3^3-3\times3\times2=9$

$x^6+y^6=(x^3+y^3)^2-2(xy)^3$

$\qquad =9^2-2\times2^3=81-16=65$

**✔ 정답** 65

---

**유제 37-1** $x+y=3$, $x^2+y^2=5$일 때, $x^4+y^4$의 값을 구하시오.

**유제 37-2** $\dfrac{1}{x}+\dfrac{1}{y}=2$, $x+y=2$일 때, $x^5+y^5$의 값을 구하시오.

# 반복학습 기록란.

가장 좋은 학습방법은 학교에서나 학원에서나 선생님의 강의를 열심히 듣고 여러 번 반복학습하는 것입니다.
지금부터 당장 선생님의 강의를 열심히 듣고 반복! 반복하십시오. 그러면 곧 모든 과목에 자신이 생길 것입니다.

| 회수 | 시작이 반! | | | 끝을 봐야! | | | 확인 |
|---|---|---|---|---|---|---|---|
| 제1회 | 년 | 월 | 일 부터 | 년 | 월 | 일 까지 | |
| 제2회 | 년 | 월 | 일 부터 | 년 | 월 | 일 까지 | |
| 제3회 | 년 | 월 | 일 부터 | 년 | 월 | 일 까지 | |
| 제4회 | 년 | 월 | 일 부터 | 년 | 월 | 일 까지 | |
| 제5회 | 년 | 월 | 일 부터 | 년 | 월 | 일 까지 | |
| 제6회 | 년 | 월 | 일 부터 | 년 | 월 | 일 까지 | |
| 제7회 | 년 | 월 | 일 부터 | 년 | 월 | 일 까지 | |
| 제8회 | 년 | 월 | 일 부터 | 년 | 월 | 일 까지 | |
| 제9회 | 년 | 월 | 일 부터 | 년 | 월 | 일 까지 | |
| 제10회 | 년 | 월 | 일 부터 | 년 | 월 | 일 까지 | |

# A Step 연습 문제

▶ 연습문제 A는 앞에서 배운 기초 단계의 문제이므로 선생님의 도움 없이 스스로 풀어 자신의 실력을 점검해 보도록 하자.

**01**    $(a-b)(b-a)$를 전개하시오.

**02**    다음 식을 전개하시오.

(1) $(\sqrt{a}+\sqrt{b})(\sqrt{a}-\sqrt{b})$        (2) $(x+2)(2-x)$

(3) $(x+\sqrt{3})(x-\sqrt{3})$        (4) $(-y+4)(y+4)$

**03**    다음 $x$, $y$, $z$에 대한 다항식 중에서 $xy^2$의 동류항을 모두 고르시오.

① $-3xy^2z$     ② $5x^2zy$     ③ $\sqrt{2}\,y^2x$     ④ $-\sqrt{3}\,yx^2$     ⑤ $\sqrt{5}\,xy^2$

**04**    $(x-3y)^2$을 전개하여 $y$에 대하여 내림차순으로 정리하시오.

**05**    세 다항식 $A=y^3+2xy^2-3x^3$, $B=y^3-x^2y+2x^3$, $C=2x^3-x^2y-4xy^2$에 대하여 $3(A-B)+2(B-C)$를 계산하시오.

**06** 두 다항식 $A$, $B$에 대하여 다음이 성립할 때, $2A - 3B$를 구하시오.

$$A + B = 6x^4 - 3x^2 + 1$$
$$A - B = 4x^4 + 5x^2 - 3$$

**07** 다음 식을 간단히 하시오.

(1) $\{(-x^3)^5\}^4 \times (-x^2)^6 \times (-x)^9$

(2) $\left(\dfrac{1}{2}xy^2\right)^3 \times (xy^3)^2 \times \left(-\dfrac{2}{3}y^2\right)^3$

**08** $ab = 2$일 때, $\left(2a + \dfrac{1}{b}\right)\left(3b + \dfrac{4}{a}\right)$의 값을 구하시오.

**09** $(x^3 - 3x^2 + 5x + 7)(2x^2 - 3x - 1)$의 전개식에서 $x^2$, $x^4$의 계수를 각각 $a$, $b$라 할 때, $2a - b$의 값을 구하시오.

**10** 다음 지수법칙 중에서 옳지 않은 것을 모두 고르시오. (단, $a \neq 0$이고 $m$, $n$은 양의 정수)

① $a^0 = 1$

② $a^{-m} = \dfrac{1}{a^m}$

③ $\dfrac{a^m}{a^n} = a^{m-n}$

④ $\dfrac{a^m}{a^n} = a^{n-m}$

⑤ $\dfrac{a^m}{a^m} = 0$

**11** $(3x^3y^2z)^2 \times 4x^2y^3z \div (-2xy^3z^2) \div (xyz)$를 간단히 하시오.

**12** $2^{x+1}=A$일 때, $2^{3x-2}$를 $A$의 식으로 나타내시오.

**13** $(3x^4-6x^3+6x^2-2x)\div 3x^2$에서 몫과 나머지를 구하시오.

**14** $(2x^4+x^3-5x^2-5x-9)\div(x^2-2)$를 계산하여 몫과 나머지를 구하시오.

**15** $(3x^3-2x^2-5)\div(x-1)$의 몫과 나머지를 구하시오.

**16** 다음을 전개하시오.
(1) $(\sqrt{a}+\sqrt{b}+\sqrt{c})^2$  (2) $(\sqrt{a}-\sqrt{b}+\sqrt{c})^2$

**17** $(x-1)(x+1)(x^2+1)(x^4+1)(x^8+1)(x^{16}+1)$을 전개하시오.

**18** 다음 식을 전개하시오.

(1) $(2x+3)^3$

(2) $(x-2y)^3$

**19** 다음 식을 전개하시오.

(1) $(x+1)(x-2)(x+3)$

(2) $(x-1)(x+2)(x-3)$

**20** 다음 식을 전개하시오.

(1) $(2a+3b)(4a^2-6ab+9b^2)$

(2) $(x+y-2)(x^2+y^2+4-xy+2y+2x)$

**21** $x^2-x+1=0$일 때, $x^{101}-x^{100}$의 값을 구하시오.

**22** 다음 식을 전개하시오.

(1) $(x^2+2x+4)(x^2-2x+4)$

(2) $(4x^2+6xy+9y^2)(4x^2-6xy+9y^2)$

**23** $(x-y+z)(x+y-z)$를 전개하시오.

**24**    $x-y=1$, $xy=2$일 때, $x^2+y^2$의 값을 구하시오.

**25**    $a+b+c=6$, $ab+bc+ca=5$일 때, $a^2+b^2+c^2$의 값을 구하시오.

**26**    $x+y=3$, $xy=2$일 때, $x-y$의 값을 구하시오.

**27**    $a+b=1$, $ab=-2$일 때, 다음을 구하시오.
(1) $a^2+b^2$          (2) $a-b$          (3) $a^3+b^3$

**28**    $x-\dfrac{1}{x}=2$일 때, $3x^3-2x^2-\dfrac{2}{x^2}-\dfrac{3}{x^3}$의 값을 구하시오.

**29**    $x+y=3$, $x^2+y^2=5$일 때, $x^4+y^4$의 값을 구하시오.

▶ 연습문제 B는 앞에서 배운 문제 중 응용단계의 문제이므로 연습장에 스스로 풀어보고 잘 풀리지 않으면 처음부터 다시 공부한 후 자신이 있을 때 다시 풀어 보도록 하자.

**01** $(a+2)(a-3)-(a-1)(a-2)$를 전개하시오.

**02** 다음 $x$, $y$, $z$에 대한 다항식 중에서 $xy^2z^3$과 동류항인 것을 찾아 그들의 합을 구하시오.

$$5z^3xy^2 \qquad 2z^2xy^3 \qquad -4xy^3z^2 \qquad -xz^3y^2 \qquad -3y^2z^3x$$

**03** 다음 식을 $z$에 대하여 내림차순과 오름차순으로 정리하시오.
$$4xy^2 - 3x^3z^2 + 2xz - yz^2 - x^2y + 5x^3y - y^2z + 3x^2z$$

**04** 세 다항식 $A = x^2 + xy - 3y^2$, $B = x^2 - y^2$, $C = -2xy + 5y^2$에 대하여 $2A - (B+X) = B - C$를 만족하는 다항식 $X$를 구하시오.

**05** 두 다항식 $A$, $B$에 대하여 다음이 성립할 때, 두 다항식 $A$와 $B$를 각각 구하시오.
$$2A + B = 9x^4 - 2x^3 + x^2 - 3x + 2$$
$$A + 2B = 6x^4 + 8x^3 + 2x^2 + 1$$

**06**    $\left(\dfrac{4}{3}a^2bx\right)\times\left(-\dfrac{2}{3}aby\right)^2\times\left(\dfrac{3}{4}bxy\right)^3$ 을 간단히 하시오.


**07**    $(2x+1)(2x^2-kx+3k)$의 전개식에서 모든 항의 계수들의 총합이 $-24$일 때, 상수 $k$의 값을 구하시오.


**08**    다음 중에서 옳지 않은 것을 모두 고르시오. (단, $x \neq 0$, $y \neq 0$)

① $\left(\dfrac{x}{y}\right)^2 = \dfrac{x^2}{y^2}$        ② $\left(\dfrac{x}{y}\right)^{-2} = \dfrac{y^2}{x^2}$        ③ $\left(\dfrac{x}{y}\right)^0 = 0$

④ $\left(\dfrac{x}{y}\right)^{-1} = \dfrac{y}{x}$        ⑤ $\left(-\dfrac{x}{y}\right)^{-2} = \dfrac{x^2}{y^2}$


**09**    $\left(\dfrac{1}{2}a^2bx\right)\times\left(-\dfrac{2}{3}aby\right)^2\div\left(\dfrac{3}{4bxy}\right)^2$ 을 간단히 하시오.


**10**    $4^{x-1}=4A^2$일 때, $2^{x-2}$을 $A$의 식으로 나타내시오.

**11** 다항식 $x^4 - 2x^3 + 2x^2 - 6x - 3$를 다항식 $A$로 나누었을 때의 몫이 $x^2 - 2x - 1$이고 나머지가 0일 때, 다항식 $A$를 구하시오.

**12** $(x^4 - x^3 - 3x^2 - x + 3) \div (x + 2)$의 몫과 나머지를 조립제법을 이용하여 구하는 과정이다. 상수 $a$, $b$, $c$, $d$에 대하여 $a + b + c + d$의 값을 구하시오.

$$
\begin{array}{r|rrrr|r}
a & 1 & -1 & -3 & -1 & 3 \\
  &   & -2 & c  & -6 & 14 \\
\hline
  & 1 & b  & 3  & d  & 17 \\
\end{array}
$$

**13** $(2x^3 - 7x^2 + 9) \div (2x - 3)$의 몫과 나머지를 구하시오.

**14** 다음을 전개하시오.

(1) $(x + 2y + 3z)^2$ \qquad (2) $(x - 2y + 3z)^2$

**15** $2(3 + 1)(3^2 + 1)(3^4 + 1) = 3^8 + \boxed{\phantom{0}}$ 에서 $\boxed{\phantom{0}}$ 안에 들어갈 수를 구하시오.

**16** 다항식 $(a + b)^3 - (a - b)^3$을 간단히 하시오.

**17**  $x+y+z=3$, $xy+yz+zx=2$, $xyz=1$일 때, $(x+y)(y+z)(z+x)$의 값을 구하시오.

**18**  다음 식을 전개하시오.
(1) $(x-2)(x+2)(x^2+2x+4)(x^2-2x+4)$
(2) $(x+2y+3z)(x^2+4y^2+9z^2-2xy-6yz-3zx)$

**19**  $x^2+x+1=0$일 때, $x^{1001}+x^{997}-1$의 값을 구하시오.

**20**  $(x-2)(x+2)(x-1)(x-5)$를 전개하시오.

**21**  $x+y=3$, $x^2+y^2=5$일 때, $xy$의 값을 구하시오.

**22**  오른쪽 그림과 같은 직육면체의 모든 모서리의 길이의 합은 40이고 대각선의 길이가 $\sqrt{24}$ 일 때, 이 직육면체의 겉넓이를 구하시오.

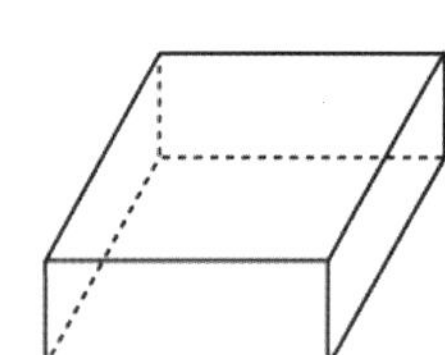

**23** $x-y=1$, $x^2+y^2=5$일 때, 다음을 구하시오. (단, $x$, $y$는 양수)

(1) $xy$　　　　　　(2) $x+y$　　　　　　(3) $\dfrac{y}{x}+\dfrac{x}{y}$

**24** $x+y=3$, $x^3+y^3=9$일 때, 다음을 구하시오.

(1) $xy$　　　　　　(2) $x-y$　　　　　　(3) $x^2+y^2$

**25** 삼각형의 세 변의 길이가 $a$, $b$, $c$일 때, $a^2+b^2+4c^2-ab-2bc-2ca=0$을 만족하는 삼각형이 어떤 삼각형인지 말하시오.

**26** $x+\dfrac{1}{x}=3$일 때, $x^5+\dfrac{1}{x^5}$의 값을 구하시오.

**27** $\dfrac{1}{x}+\dfrac{1}{y}=2$, $x+y=2$일 때, $x^5+y^5$의 값을 구하시오.

# MEMO

**I.**
**다항식**

**P A R T**
# 02

## 항등식과 나머지 정리

- ◈ 중·고교 연결과정 선수학습
- **1** 항등식
- **2** 나머지 정리
- ◈ 반복학습 기록란
- ◈ 연습문제 (A)(B)



아무것도 모르는 것이 수치가 아니라 아무것도 배우려 하지 않는 것이 수치다.
- 소크라테스 -

## 1 항등식과 방정식

### [1] 등식의 체계

→ 등식 $\begin{cases} \text{항등식} \\ \text{방정식} \end{cases}$

(1) 항등식 : 모든 값에 대하여 항상 성립하는 등식을 **항등식**이라 한다.

(2) 방정식 : 특정한 값에 대하여만 성립하는 등식을 **방정식**이라 한다.

### [2] 등식의 성질

→ 등식 $A = B$에 있어서 같은 다항식 $m$을 양변에

(1) 더하거나 $(A+m = B+m)$          (2) 빼거나 $(A-m = B-m)$

(3) 곱하거나 $(A \times m = B \times m)$      (4) 나누어도 $(A \div m = B \div m, \ m \neq 0)$

    등식은 항상 성립한다. (단, 0으로 나누는 것은 제외)

### [3] 항등식의 성질

(1) $ax + b = 0$이 $x$에 대한 항등식이면 $a = 0, \ b = 0$

(2) $ax + b = cx + d$가 $x$에 대한 항등식이면 $a = c, \ b = d$

---

**강의** **등식의 체계에서 등식은 항등식과 방정식으로 구분된다!**

→ 등식 $\begin{cases} \text{항등식 : 모든 값에 대하여 항상 성립하는 등식} \\ \text{방정식 : 특정 값에 대하여 성립하는 등식} \rightarrow \text{특정 값(근)} \end{cases}$

---

**기|본|예|제 01**

다음 등식을 항등식과 방정식으로 구분하시오.

(1) $x^2 - 2x + 1 = (x-1)^2$          (2) $x^2 - 2x + 1 = 0$

**탐구**    $x$에 어떤 값을 대입하여도 항상 성립하는 등식을 항등식이라 하고, 특정한 값을 대입할 때만 성립하는 등식을 방정식이라 한다.

**풀이**    모든 $x$의 값에 대하여 성립하는지 확인하면

       (1) 모든 $x$의 값에 대하여 성립한다.      ∴ 항등식

       (2) $x = 1$일 때만 성립한다.         ∴ 방정식

**정답**    (1) 항등식      (2) 방정식

유제 **01-1**  다음 등식을 항등식과 방정식으로 구분하시오.

    (1) $(x-3)^2 = x^2 - 6x + 9$           (2) $(x-3)^2 = 0$

유제 **01-2**  다음 등식을 항등식과 방정식으로 구분하시오.

    (1) $(x+2)(x-3) = x^2 - x - 6$     (2) $(x+2)(x-3) = 0$

---

**강의  항등식은 양변의 계수가 서로 같다!**

  ① $ax+b=0$ : 항등식 $\rightarrow$ $a=0$, $b=0$

  ② $ax+b=cx+d$ : 항등식 $\rightarrow$ $a=c$, $b=d$

---

기 | 본 | 예 | 제 **02**

등식 $ax+2 = 3x-b$가 $x$에 대한 항등식일 때, 상수 $a$, $b$에 대하여 $a+b$의 값을 구하시오.

  **탐구**    $ax+b=cx+d$ : 항등식 $\rightarrow$ $a=c$, $b=d$

  **풀이**    주어진 등식이 항등식이므로

        $a=3$, $b=-2$

    따라서 $a+b=1$이다.

  **정답**    1

---

유제 **02-1**  등식 $(a-2)x+(3-b)=0$이 $x$에 대한 항등식일 때, 상수 $a$, $b$를 구하시오.

유제 **02-2**  등식 $(a+1)x+1 = -2x-2+b$가 $x$에 대한 항등식일 때, 상수 $a$, $b$에 대하여 $ab$의 값을 구하시오.

# 01 항등식



## [1] 항등식의 정의

→ 모든 값에 대하여 항상 성립하는 등식을 **항등식**이라 한다.

## [2] 항등식의 성질

(1) 항등식은 양변의 같은 차수의 계수가 서로 같다.

① $ax^2+bx+c=0$이 $x$에 대한 항등식이면 $a=0,\ b=0,\ c=0$

② $ax^2+bx+c=a'x^2+b'x+c'$이 $x$에 대한 항등식이면 $a=a',\ b=b',\ c=c'$

(2) 항등식은 문자에 어떤 값을 대입해도 항상 성립한다.

## [3] 항등식의 정체

(1) 모든 값에 대하여 성립하면 항등식이다.

(2) 공식, 법칙에 의해 변형된 식은 항등식이다.

(3) 나눗셈 관계식, 함수 관계식은 항등식이다.

(4) $n$차식이 $n+1$개 이상의 근을 가지면 항등식이다.

---

**강의** **항등식 문제는 다음과 같이 출제되므로 꼭 알아두어야 한다!**

① all이 있으면 항등식이다.

⇒ 모든, 임의의, 관계없이 → 항등식

② 법칙은 항등식이다.

⇒ 교환법칙, 결합법칙, 분배법칙 → 항등식

③ 공식은 항등식이다.

⇒ 곱셈공식, 인수분해공식 → 항등식

④ 관계식은 항등식이다.

⇒ 나눗셈 관계식, 함수 관계식 → 항등식

**주의** $n$차식 $\begin{cases} \text{근 } n\text{개} \rightarrow \text{방정식} \\ \text{근 } n+1\text{개 이상} \rightarrow \text{항등식} \end{cases}$

다음 등식이 $x$에 대한 항등식일 때, 상수 $a$, $b$, $c$의 값을 구하시오.

$$(a+1)x^2+(b+4)x+3-c=0$$

**탐구**    $ax^2+bx+c=0$이 항등식 $\to$ $a=0$, $b=0$, $c=0$

**풀이**    $a+1=0$에서   $a=-1$

          $b+4=0$에서   $b=-4$

          $3-c=0$에서   $c=3$

**정답**    $a=-1$, $b=-4$, $c=3$

---

**유제 01-1**    다음 등식이 $x$에 대한 항등식일 때, 상수 $a$, $b$, $c$의 값을 구하시오.

$$4x^2+(a-2)x+c=(b-1)x^2+3x$$

**유제 01-2**    다음 등식이 $x$에 대한 항등식일 때, 상수 $a$, $b$의 값을 구하시오.

$$x^2+(a+b)x+a-2b=x^2+3x$$



등식 $ax^2+bx+c=0$이 세 근 1, 2, 3을 가지면 항등식이므로 $a=b=c=0$임을 보이시오.

**탐구**    항등식 $\to$ 문자에 어떤 값을 대입하여도 성립 !

          이차식이 세 근 이상을 가지면 항등식이므로 근을 대입하여 $a=b=c=0$임을 보인다.

**풀이**    $x=1 \to a+b+c=0 \cdots ①$

          $x=2 \to 4a+2b+c=0 \cdots ②$

          $x=3 \to 9a+3b+c=0 \cdots ③$

          ①, ②, ③을 연립하여 $a$, $b$, $c$를 구하면 $a=b=c=0$

**정답**    풀이참조

---

**유제 02-1**    일차식 $ax+b=0$이 서로 다른 두 $x$의 값에 대하여 성립하면 $a=b=0$임을 보이시오.

**유제 02-2**    등식 $(3-a)x+2=5x+b+2$가 서로 다른 두 $x$의 값에 대하여 성립할 때, 상수 $a$, $b$에 대하여 $a+b$의 값을 구하시오.

→ 항등식의 정의 및 성질을 이용하여 아직 정해지지 않은 계수를 결정하는 방법을 **미정계수법**이라 한다.

## [1] 계수비교법

(1) 항등식은 양변의 같은 차수의 계수가 서로 같다.

(2) 내림차순으로 정리하기 쉬울 때, 계수비교법을 사용한다.

첫째, 양변을 각각 내림차순으로 정리한다.

둘째, 같은 차수의 계수는 같다고 놓아 방정식을 세운다.

셋째, 방정식을 푼다.

## [2] 수치대입법

(1) 항등식은 문자에 어떤 값을 대입해도 항상 성립한다.

(2) 인수의 곱의 꼴로 되어 있을 때, 수치대입법을 사용한다.

첫째, (곱의 꼴)$=0$이 되는 수나 간단한 수를 대입하여 방정식을 세운다.

둘째, 방정식을 푼다.

---

**강의** **항등식의 미정계수법에는 계수비교법과 수치대입법이 있다!**

① 계수비교법 → 내림차순이 용이할 때

→ 차수가 같은 항의 계수끼리 같다고 놓아 미정계수를 구한다.

② 수치대입법 → 인수의 곱의 꼴로 되어 있을 때

→ 적당한 수를 대입하여 미정계수를 구한다.

③ 연속 조립제법 → 1차식의 내림차순으로 정리된 각 항의 계수를 찾을 때

→ 연속으로 조립제법을 써서 나머지들로 미정계수를 구한다.

---

### 기 | 본 | 예 | 제 03

등식 $kx^2 - 2k(2+k)x + k^2y + 4k = 0$이 임의의 $k$의 값에 대하여 성립할 때, $x+y$의 값을 구하시오.

**탐구** 임의의 $k$의 값에 대하여 성립하면 등식은 $k$에 대한 항등식이다.

**풀이** 주어진 식을 전개한 후 $k$에 대하여 내림차순으로 정리하면

$$(-2x+y)k^2 + (x^2 - 4x + 4)k = 0$$

준식은 $k$에 대한 항등식이므로 계수비교법을 이용하면

$$-2x+y = 0, \ x^2 - 4x + 4 = 0$$

두 식을 연립하여 계산하면 $x=2, \ y=4$

$$\therefore \ x+y = 2+4 = 6$$

**정답** 6

유제 03-1 등식 $(k-2)x+(2k+1)y-4k+3=0$이 임의의 $k$의 값에 대하여 성립할 때, $x+y$의 값을 구하시오.

유제 03-2 등식 $(k-1)x+(4k+1)y-k=0$이 $k$의 값에 관계없이 항상 성립할 때, $xy$의 값을 구하시오.

## 기|본|예|제 04

$\dfrac{6x+2a}{3x+2}$ 가 $x$의 값에 관계없이 항상 일정한 값을 가질 때, 상수 $a$의 값을 구하시오. $\left(\text{단, } x \neq -\dfrac{2}{3}\right)$

**탐구**
① $x$의 값에 관계없이 → $x$에 대한 항등식!
② 일정 → (준식)$=k$(상수)로 놓아라!

**풀이** $\dfrac{6x+2a}{3x+2}=k$($k$는 상수)로 놓고 양변에 $3x+2$를 곱하면

$$6x+2a=k(3x+2) \qquad 6x+2a=3kx+2k \quad \cdots\cdots ①$$

①은 $x$에 대한 항등식이므로 계수비교법을 이용하면

$$6=3k, \ 2a=2k$$

$k=2$이므로 $2a=4$

$$\therefore \ a=2$$

**정답** 2

유제 04-1 $\dfrac{4x+ay+b}{x+2y+2}$ 가 $x$, $y$의 값에 관계없이 항상 일정한 값을 가질 때, 상수 $a$, $b$에 대하여 $a-b$의 값을 구하시오. (단, $x+2y \neq -2$)

유제 04-2 $\dfrac{6x^2+2x+p}{3x^2+qx+2}$ 가 $x$의 값에 관계없이 항상 일정한 값을 가질 때, 상수 $p$, $q$에 대하여 $pq$의 값을 구하시오. (단, $3x^2+qx+2 \neq 0$)

등식 $(ax-1)(4x^2+bx+c)=8x^3-1$이 $x$에 대한 항등식일 때, 상수 $a$, $b$, $c$에 대하여 $abc$의 값을 구하시오.

**탐구**    $x$에 대한 항등식 $\rightarrow$ 전개하여 계수비교법 이용!

**풀이**    좌변을 전개하여 $x$에 대한 내림차순으로 정리하면

$$(\text{좌변})=4ax^3+abx^2+acx-4x^2-bx-c$$
$$=4ax^3+(ab-4)x^2+(ac-b)x-c$$
$$=8x^3-1$$

주어진 식이 항등식이므로 계수비교법을 이용하면

$$4a=8,\ ab-4=0,\ -c=-1$$
$$\therefore\ a=2,\ b=2,\ c=1$$

따라서 $abc$의 값을 구하면

$$abc=2\times2\times1=4$$

**정답**    4

---

**유제 05-1**    등식 $(4x^2+ax+1)(2x-b)+cx-2=8x^3+6x-3$이 $x$에 대한 항등식일 때, 상수 $a$, $b$, $c$에 대하여 $a+b+c$의 값을 구하시오.

**유제 05-2**    등식 $\dfrac{1}{x^2-1}=\dfrac{A}{x-1}+\dfrac{B}{x+1}$가 $x$에 대한 항등식일 때, $A \div B$의 값을 구하시오.

**유제 05-3**    $f(x)=2^x(ax^2+bx+c)$가 $x$의 값에 관계없이 항상 $f(x+1)-f(x)=2^x x^2$을 만족할 때, 상수 $a$, $b$, $c$의 값을 구하시오.

다항식 $f(x)$에 대하여 등식 $(x-1)(x^2+1)f(x)=x^8-ax^2-b$가 $x$에 대한 항등식이 되도록 상수 $a,\ b$를 정할 때, $a^2+b^2$의 값을 구하시오.

**탐구**    $x$에 대한 항등식 → 곱의 꼴이므로 수치대입법 이용!

**풀이**    $(x-1)(x^2+1)=0$이 되는 값 $x=1,\ x^2=-1$을 주어진 등식에 대입하면

    ⅰ) $x=1$일 때, $0=1-a-b$

       $\therefore\ a+b=1$       $\cdots$ ①

    ⅱ) $x^2=-1$일 때, $0=1+a-b$

       $\therefore\ a-b=-1$      $\cdots$ ②

①과 ②를 연립하여 $a$와 $b$를 구하면

    $a=0,\ b=1$

따라서 $a^2+b^2$의 값을 구하면

    $a^2+b^2=0^2+1^2=1$

**정답**    1

---

**유제 06-1**    등식 $(x-a)(x+1)-6=(x-5)(x+b)$가 $x$에 대한 항등식일 때, 상수 $a,\ b$에 대하여 $a^2+b^2$의 값을 구하시오.

**유제 06-2**    다항식 $x^3+ax^2+bx+c$가 $x(x+1)(x-2)$로 인수분해될 때, 상수 $a,\ b,\ c$에 대하여 $a+2b+3c$의 값을 구하시오.

**유제 06-3**    다항식 $f(x)$에 대하여 등식 $(x^2+3)(x+1)f(x)=x^6+ax^2+b$가 $x$의 값에 관계없이 항상 성립할 때, 상수 $a,\ b$에 대하여 $a-b$의 값을 구하시오.

등식 $2x^3 - 2x^2 + 3x + 3 = a(x-1)^3 + b(x-1)^2 + c(x-1) + d$가 $x$에 대한 항등식일 때, 상수 $a$, $b$, $c$, $d$에 대하여 $\dfrac{b+d}{ac}$의 값을 구하시오.

**탐구** $x-1$에 대한 내림차순 → 연속 조립제법 이용!

**풀이** 등식의 우변이 $x-1$에 대한 내림차순이므로 $x-1$로 나누는 조립제법을 연속으로 이용하면

$$
\begin{array}{r|rrrr}
1 & 2 & -2 & 3 & 3 \\
  &   & 2 & 0 & 3 \\
\hline
1 & 2 & 0 & 3 & \boxed{6} \leftarrow d \\
  &   & 2 & 2 &   \\
\hline
1 & 2 & 2 & \boxed{5} \leftarrow c &   \\
  &   & 2 &   &   \\
\hline
  & 2 & \boxed{4} \leftarrow b &   &   \\
  & \uparrow &   &   &   \\
  & a &   &   &   \\
\end{array}
$$

$$\therefore\ a=2,\ b=4,\ c=5,\ d=6$$

$\dfrac{b+d}{ac}$를 구하면

$$\frac{b+d}{ac} = \frac{4+6}{2\times 5} = 1$$

**✔ 정답** 1

---

**유제 07-1** 등식 $3x^3 - 2x + 3 = a(x+1)^3 + b(x+1)^2 + c(x+1) + d$가 $x$에 대한 항등식일 때, 상수 $a$, $b$, $c$, $d$의 값을 구하시오.

**유제 07-2** 등식 $x^3 - 3x^2 + 1 = a(x-2)^3 + b(x-2)^2 + c(x-2) + d$가 $x$의 값에 관계없이 항상 성립할 때, 상수 $a$, $b$, $c$, $d$에 대하여 $a+b+c+d$의 값을 구하시오.

→ $x$에 대한 다항식 $A$를 $x$에 대한 다항식 $B$로 나눈 몫을 $Q$, 나머지를 $R$이라 하면

→ 나눗셈 관계식 : $A = BQ + R$

(1) $A$는 $n$차, $B$는 $m$차일 때, 몫 $Q$는 $n - m$차이고, 나머지 $R$은 $m - 1$차 이하이다.

(2) 나머지 $R = 0$일 때, $A$는 $B$로 나누어떨어진다고 한다.

(3) 나눗셈 관계식 $A = BQ + R$은 $x$에 대한 항등식이다.

---

**강의** **나눗셈 관계식은 항등식이다!**

(1) $A \div B \rightarrow$ 몫 $Q$, 나머지 $R$

(2) $A = BQ + R \rightarrow$ $A$가 $n$차이고 $B$가 $m$차일 때

① 몫 $Q$ : $(n - m)$차

② 나머지 $R$ : $(m - 1)$차 이하

**주의** $A$가 4차이고 $B$가 2차이면 $A = BQ + R$에서 $A \div B$의 몫 $Q$는 2차이고,

나머지 $R$은 1차 이하이다.

---

**기|본|예|제 08**

다항식 $x^3 + ax + b$를 $x^2 - x - 2$로 나누었을 때의 나머지가 $2x - 1$이 되도록 하는 상수 $a$, $b$의 값을 구하시오.

**탐구** 나누는 식 $x^2 - x - 2 \rightarrow$ 인수분해 가능! → 수치대입법 이용!

**풀이** $x^3 + ax + b$를 $x^2 - x - 2$로 나누었을 때의 몫을 $Q(x)$라 하고 나눗셈 관계식으로 나타내면

$$x^3 + ax + b = (x^2 - x - 2)Q(x) + 2x - 1$$
$$= (x - 2)(x + 1)Q(x) + 2x - 1$$

이 등식은 $x$에 대한 항등식이므로 수치대입법을 이용하면

ⅰ) $x = 2$일 때, $8 + 2a + b = 3$

$\therefore 2a + b = -5$ $\cdots$ ①

ⅱ) $x = -1$일 때, $-1 - a + b = -3$

$\therefore a - b = 2$ $\cdots$ ②

①과 ②를 연립하여 $a$, $b$를 구하면

$a = -1$, $b = -3$

**정답** $a = -1$, $b = -3$

---

유제 08-1 다항식 $x^3+ax^2+b$를 $x^2-2x-3$으로 나누었을 때의 나머지가 $-x-2$가 될 때, 상수 $a$, $b$의 값을 구하시오.

유제 08-2 다항식 $x^3+x^2-ax+a+2$를 $x^2+2x-8$로 나누었을 때의 나머지가 $x+b$가 되도록 하는 상수 $a$, $b$에 대하여 $a-3b$의 값을 구하시오.

## 기 | 본 | 예 | 제 09

**다항식 $x^3+px^2+qx+5$가 $x^2-2x+5$로 나누어떨어질 때, 상수 $p$, $q$에 대하여 $pq$의 값을 구하시오.**

**탐구** 나누는 식 $x^2-2x+5$ → 인수분해 불가! → 계수비교법 이용!

**풀이** 나누어지는 식과 나누는 식의 최고차항과 상수항을 비교하여 몫을 만들고 나눗셈 관계식으로 나타내면

$$x^3+px^2+qx+5=(x^2-2x+5)(x+1)$$

우변을 전개하여 계수를 비교하면

$$x^3+px^2+qx+5=x^3+x^2-2x^2-2x+5x+5$$
$$=x^3-x^2+3x+5$$
$$\therefore\ p=-1,\ q=3$$

따라서 $pq$의 값을 구하면

$$pq=(-1)\times3=-3$$

**정답** $-3$

유제 09-1 다항식 $x^3+ax^2+bx-2$를 $x^2-x+1$로 나누었을 때의 나머지가 $0$이라 한다. 이때 상수 $a$, $b$의 값을 구하시오.

유제 09-2 다항식 $x^3+4x^2+ax+b$가 $x^2+2x-1$로 나누어떨어진다고 할 때, 상수 $a$, $b$에 대하여 $a-b$의 값을 구하시오.

# 나머지 정리

 **나머지 정리**

[1] 다항식 $f(x)$를 일차식 $x-\alpha$로 나누었을 때의 나머지는 $f(\alpha)$이다.

➡ $f(x)=(x-\alpha)Q(x)+R$

➡ $f(\alpha)=R$

---

**유도** $f(x)$를 $x-\alpha$로 나누었을 때, 몫을 $Q(x)$, 나머지를 $R$이라 하면

$$f(x)=(x-\alpha)Q(x)+R$$

이 식은 $x$에 대한 항등식이므로 $x=\alpha$를 대입하면

$$f(\alpha)=(\alpha-\alpha)Q(\alpha)+R \text{에서 } f(\alpha)=R \qquad \cdots\text{유도 끝}$$

---

[2] 다항식 $f(x)$를 일차식 $ax+b$로 나누었을 때의 나머지는 $f\left(-\dfrac{b}{a}\right)$이다.

➡ $f(x)=(ax+b)Q(x)+R$

➡ $f\left(-\dfrac{b}{a}\right)=R$

---

**강의** 나머지 정리는 일차식 $x-\alpha$로 나눈 나머지가 $f(\alpha)$라는 것이다!

① $x-\alpha$로 나눌 경우

➡ $f(x)\div(x-\alpha)$ ; 몫 $Q(x)$, 나머지 $R$

➡ $f(x)=(x-\alpha)Q(x)+R$

➡ $x-\alpha=0$　$x=\alpha$

➡ $f(\alpha)=R$

② $ax+b$로 나눌 경우

➡ $f(x)\div(ax+b)$ ; 몫 $Q(x)$, 나머지 $R$

➡ $f(x)=(ax+b)Q(x)+R$

➡ $ax+b=0$　$x=-\dfrac{b}{a}$

➡ $f\left(-\dfrac{b}{a}\right)=R$

다항식 $2x^3 + ax^2 + bx + 1$ $(a, b$는 상수)을 $x-1$로 나누었을 때의 나머지가 $8$이고, $x+1$로 나누어 떨어진다. 이 식을 $x+2$로 나누었을 때의 나머지를 구하시오.

**탐구** 다항식 $f(x)$를 일차식 $x-\alpha$로 나눌 때는 나머지 정리를 이용한다.
$\rightarrow f(\alpha) = R$

**풀이** $f(x) = 2x^3 + ax^2 + bx + 1$이라 놓으면

$\qquad f(1) = 2 + a + b + 1 = 8$에서 $a + b = 5 \qquad \cdots ①$

$\qquad f(-1) = -2 + a - b + 1 = 0$에서 $a - b = 1 \qquad \cdots ②$

①, ②를 연립하여 풀면

$\qquad a = 3, \ b = 2$

$\qquad \therefore \ f(x) = 2x^3 + 3x^2 + 2x + 1$

$f(x)$를 $x+2$로 나누었을 때의 나머지 $f(-2)$를 구하면

$\qquad f(-2) = 2 \times (-2)^3 + 3 \times (-2)^2 + 2 \times (-2) + 1 = -16 + 12 - 4 + 1 = -7$

**정답** $-7$

---

**유제 10-1** 다항식 $x^3 + 2x^2 + ax - 2$를 $x+2$로 나누었을 때의 나머지가 $2$일 때, 이 다항식을 $x-2$로 나누었을 때의 나머지를 구하시오.

**유제 10-2** 다항식 $x^3 + ax^2 + bx + 2$를 $x+1$로 나누었을 때의 나머지가 $-3$, $x-1$로 나누었을 때의 나머지가 $3$일 때, 상수 $a, b$의 값을 구하시오.

**유제 10-3** 두 다항식 $f(x), g(x)$에 대하여 $2f(x) + 5g(x)$를 $x+1$로 나누었을 때의 나머지는 $2$, $3f(x) + g(x)$를 $x+1$로 나누었을 때의 나머지는 $3$이라 할 때, $f(x)g(x)$를 $x+1$로 나누었을 때의 나머지를 구하시오.

**다항식의 나눗셈에서의 미정계수법은 나누는 식의 차수를 보고 해법을 결정한다!**

(1) 나누는 식의 차수에 따른 해법

→ $A \div B \to$ 몫 $Q$, 나머지 $R$

① $B$ : 일차식 (○) → 나머지 정리 이용 $f(\alpha) = R$

② $B$ : 일차식 (×) → 나눗셈 관계식 이용 $A = BQ + R$

**주의** $B$가 일차식이어도 나눗셈 관계식을 이용할 때가 있다!

(2) 나누는 식의 차수에 따른 나머지 설정법

→ 나눗셈 관계식 $A = BQ + R$

① $B$가 3차이면 $R$은 $ax^2 + bx + c$

② $B$가 2차이면 $R$은 $ax + b$

③ $B$가 1차이면 $R$은 $a$

## 기 | 본 | 예 | 제 11

다항식 $f(x)$를 $x-2$로 나누었을 때의 나머지가 1이고, $x+3$으로 나누었을 때의 나머지가 $-4$이다. $f(x)$를 $(x-2)(x+3)$으로 나누었을 때의 나머지를 구하시오.

**탐구** 나누는 식이 이차식일 때는 나머지를 $ax+b$로 놓고 나눗셈 관계식으로 나타낸 후 수치대입법을 이용한다.

**풀이** 다항식 $f(x)$를 $(x-2)(x+3)$으로 나누었을 때의 몫을 $Q(x)$, 나머지를 $ax+b$라 하고 나눗셈 관계식으로 나타내면

$$f(x) = (x-2)(x+3)Q(x) + ax + b \quad \cdots ①$$

$f(x)$를 $x-2$로 나누었을 때의 나머지가 1이므로 $f(2) = 1$

$f(x)$를 $x+3$로 나누었을 때의 나머지가 $-4$이므로 $f(-3) = -4$

①은 $x$에 대한 항등식이므로 수치대입법을 이용하면

ⅰ) $x = 2$일 때

$$f(2) = 2a + b \quad \therefore \ 2a + b = 1 \qquad \cdots ②$$

ⅱ) $x = -3$일 때

$$f(-3) = -3a + b \quad \therefore \ -3a + b = -4 \quad \cdots ③$$

②와 ③을 연립하여 $a$와 $b$를 구하면

$$a = 1, \ b = -1$$

따라서 $f(x)$를 $(x-2)(x+3)$으로 나누었을 때의 나머지는 $x-1$이다.

**정답** $x-1$

$\boxed{\text{유제 } 11\text{-}1}$ 다항식 $f(x)$를 $x-1$, $x-2$로 나누었을 때의 나머지가 각각 $-1$, $2$이다. $f(x)$를 $x^2-3x+2$로 나누었을 때의 나머지를 구하시오.

$\boxed{\text{유제 } 11\text{-}2}$ 다항식 $f(x)$를 $x+1$로 나누었을 때의 나머지가 $-1$, $x+2$로 나누었을 때의 나머지가 $-2$이다. 다항식 $(x^2+1)f(x)$를 $x^2+3x+2$로 나누었을 때의 나머지를 $R(x)$라 할 때, $R(1)$의 값을 구하시오.

## 기 | 본 | 예 | 제 12

**다항식 $f(x)$를 $(x-1)^2$으로 나누었을 때의 나머지가 $2x+1$이고, $x-3$으로 나누었을 때의 나머지가 $2$이다. $f(x)$를 $(x-1)^2(x-3)$으로 나누었을 때의 나머지를 구하시오.**

$\boxed{\text{탐구}}$ 다항식 $f(x)$를 이차 이상의 다항식으로 나누었을 때는 나눗셈 관계식을 이용하여 식을 세운 후 나머지 정리를 이용한다.

$\boxed{\text{풀이}}$ $f(x)$를 $(x-1)^2(x-3)$으로 나누었을 때의 몫을 $Q(x)$, 나머지를 $ax^2+bx+c$라 하면
$$f(x)=(x-1)^2(x-3)Q(x)+ax^2+bx+c$$
$f(x)$를 $(x-1)^2$으로 나누었을 때의 나머지가 $2x+1$이므로 $ax^2+bx+c$를 $(x-1)^2$으로 나누었을 때의 나머지가 $2x+1$이 되어야 한다.
$$\therefore \ f(x)=(x-1)^2(x-3)Q(x)+a(x-1)^2+2x+1 \qquad \cdots ①$$
$f(x)$를 $x-3$으로 나누었을 때의 나머지가 $2$이므로 ①에서
$$f(3)=4a+6+1=2 \qquad\qquad \therefore \ a=-\frac{5}{4}$$
따라서 구하는 나머지는
$$-\frac{5}{4}(x-1)^2+2x+1=-\frac{5}{4}x^2+\frac{9}{2}x-\frac{1}{4}$$

$\boxed{\text{정답}}$ $-\dfrac{5}{4}x^2+\dfrac{9}{2}x-\dfrac{1}{4}$

---

$\boxed{\text{유제 } 12\text{-}1}$ 다항식 $f(x)$를 $x+1$로 나누었을 때의 나머지가 $3$이고, $x^2+4$로 나누었을 때의 나머지가 $3x+1$이라고 한다. 이때 $f(x)$를 $(x+1)(x^2+4)$로 나누었을 때의 나머지를 구하시오.

$\boxed{\text{유제 } 12\text{-}2}$ 다항식 $f(x)$를 $x^2+1$로 나누었을 때의 나머지가 $x+1$이고, $x-1$로 나누었을 때의 나머지가 $4$이다. $f(x)$를 $(x^2+1)(x-1)$로 나누었을 때의 나머지의 상수항을 구하시오.

다항식 $f(x)$를 $(x-2)(x-3)$으로 나누었을 때의 나머지가 $2x+3$일 때, $f(3x)$를 $x-1$로 나누었을 때의 나머지를 구하시오.

**탐구** 나누는 식이 일차식이라도 몫 또는 나머지가 식으로 주어질 때는 나눗셈 관계식을 이용한다.

**풀이** $f(x)$를 $(x-2)(x-3)$으로 나누었을 때의 몫을 $Q(x)$라 하고 나눗셈 관계식으로 나타내면

$$f(x) = (x-2)(x-3)Q(x) + 2x + 3$$

$f(3x)$를 $x-1$로 나누었을 때의 나머지는 나머지 정리에 의해 $f(3\times1) = f(3)$이므로

$$f(3) = 2 \times 3 + 3 = 9$$

**정답** 9

---

**유제 13-1** 다항식 $f(x)$를 $(x-1)(x-2)$로 나누었을 때의 나머지가 $4x-1$일 때, 다항식 $f(2x)$를 $x-1$로 나누었을 때의 나머지를 구하시오.

**유제 13-2** 다항식 $f(x)$를 $(x-1)(x+2)$로 나누었을 때의 나머지가 $2x-1$일 때, 다항식 $xf(3x+1)$을 $x+1$로 나누었을 때의 나머지를 구하시오.

기|본|예|제 **14**

다항식 $f(x)$를 $x-4$로 나누었을 때의 몫은 $g(x)$, 나머지는 $5$이고, $g(x)$를 $x-6$으로 나누었을 때의 나머지는 $2$이다. $f(x)$를 $x-6$으로 나누었을 때의 나머지를 구하시오.

**탐구** 나누는 식이 일차식이라도 몫 $g(x)$가 주어졌으므로 나눗셈 관계식을 이용한다.

$$\rightarrow f(x) = (x-a)g(x) + r$$

**풀이** $f(x)$를 $x-4$로 나누었을 때의 몫이 $g(x)$, 나머지가 $5$이므로

$$f(x) = (x-4)g(x) + 5 \qquad \cdots ①$$

$g(x)$를 $x-6$으로 나누었을 때의 나머지가 $2$이므로

$$g(6) = 2$$

①에서 $f(x)$를 $x-6$으로 나누었을 때의 나머지 $f(6)$을 구하면

$$f(6) = (6-4)g(6) + 5 = 2 \times 2 + 5 = 9$$

**정답** 9

 다항식 $f(x)$를 $x-1$로 나누었을 때의 몫을 $Q(x)$라 하자. $f(1)=2$, $Q(2)=3$일 때, $f(x)$를 $x-2$로 나누었을 때의 나머지를 구하시오.

 다항식 $f(x)$를 $x+1$로 나누었을 때의 몫이 $Q(x)$, 나머지가 2이고, $Q(x)$를 $x-1$로 나누었을 때의 나머지가 3일 때, 다항식 $(x+2)f(x)$를 $x-1$로 나누었을 때의 나머지를 구하시오.

 다항식 $x^4-2x^3-8x^2$을 다항식 $P(x)$로 나누었을 때의 몫은 $x^2-4x+4$, 나머지는 $3x-11$이라 한다. 이때 $P(x)$를 $x+1$로 나누었을 때의 나머지를 구하시오.

**강의** $f(x)$를 $\left(x+\dfrac{b}{a}\right)$로 나눌 때와 $(ax+b)$로 나눌 때의 몫은 서로 다르고 나머지는 같다!

$\rightarrow f(x)=\left(x+\dfrac{b}{a}\right)Q(x)+R$

$\quad \rightarrow$ 몫 $Q(x)$, 나머지 $R$

$\rightarrow f(x)=a\times\dfrac{1}{a}\left(x+\dfrac{b}{a}\right)Q(x)+R$

$\qquad =(ax+b)\times\dfrac{1}{a}Q(x)+R$

$\quad \rightarrow$ 몫 $\dfrac{1}{a}Q(x)$, 나머지 $R$

다항식 $f(x)$를 $x-\dfrac{3}{2}$으로 나누었을 때의 몫을 $Q(x)$, 나머지를 $R$이라 하면 $f(x)$를 $2x-3$으로 나누었을 때의 몫과 나머지를 $Q(x)$와 $R$을 이용하여 구하시오.

**탐구**
$$f(x)=\left(x+\dfrac{b}{a}\right)Q(x)+R$$
$$=a\times\dfrac{1}{a}\left(x+\dfrac{b}{a}\right)Q(x)+R$$
$$=(ax+b)\dfrac{1}{a}Q(x)+R$$

몫 : $\dfrac{1}{a}Q(x)$, 나머지 : $R$

**풀이** $f(x)$를 $x-\dfrac{3}{2}$으로 나누었을 때의 나눗셈 관계식으로 나타내면
$$f(x)=\left(x-\dfrac{3}{2}\right)Q(x)+R \qquad \cdots ①$$

①을 변형하여 $f(x)$를 $2x-3$으로 나누었을 때의 나눗셈 관계식으로 나타내면
$$f(x)=\dfrac{1}{2}\times 2\left(x-\dfrac{3}{2}\right)Q(x)+R$$
$$=(2x-3)\times\dfrac{1}{2}Q(x)+R \qquad \cdots ②$$

②에서 몫은 $\dfrac{1}{2}Q(x)$이고 나머지는 그대로 $R$이다.

**정답** 몫 : $\dfrac{1}{2}Q(x)$, 나머지 : $R$

---

**유제 15-1** 다항식 $f(x)$를 $x+\dfrac{1}{2}$로 나누었을 때의 몫을 $Q(x)$, 나머지를 $R$이라 할 때, $f(x)$를 $2x+1$로 나누었을 때의 몫과 나머지를 $Q(x)$와 $R$을 이용하여 구하시오.

**유제 15-2** 다항식 $f(x)$를 $3x+3$으로 나누었을 때의 몫을 $Q(x)$, 나머지를 $R$이라 할 때, $f(x)$를 $x+1$로 나누었을 때의 몫과 나머지를 $Q(x)$와 $R$을 이용하여 구하시오.

**[1]** 다항식 $f(x)$를 $x-\alpha$로 나누었을 때의 나머지는 $0$이다.

➜ 다항식 $f(x)$는 일차식 $x-\alpha$로 나누어떨어진다.

➜ 다항식 $f(x)$는 $x-\alpha$라는 인수를 가진다.

➜ $f(x)=(x-\alpha)Q(x)$

➜ $f(\alpha)=0$

---

**유도** $f(x)$를 $x-\alpha$로 나누었을 때의 몫을 $Q(x)$, 나머지를 $0$이라 하면

$$f(x)=(x-\alpha)Q(x)$$

이 식은 $x$에 대한 항등식이므로 $x=\alpha$를 대입하면

$$f(\alpha)=(\alpha-\alpha)Q(\alpha)$$에서 $f(\alpha)=0$ … 유도 끝

---

**[2]** 다항식 $f(x)$를 일차식 $ax+b$로 나누었을 때의 나머지는 $0$이다.

➜ 다항식 $f(x)$는 일차식 $ax+b$로 나누어떨어진다.

➜ 다항식 $f(x)$는 $ax+b$라는 인수를 가진다.

➜ $f(x)=(ax+b)Q(x)$

➜ $f\left(-\dfrac{b}{a}\right)=0$

---

**강의** 인수 정리는 $f(\alpha)=0$이면 $f(x)=(x-\alpha)Q(x)$로 인수분해된다는 것이다!

① $x-\alpha$로 나눌 경우

➜ $f(x)\div(x-\alpha)$ ; 몫 $Q(x)$, 나머지 $0$

➜ $f(x)=(x-\alpha)Q(x)$

➜ $x-\alpha=0$  $x=\alpha$

➜ $f(\alpha)=0$

② $ax+b$로 나눌 경우

➜ $f(x)\div(ax+b)$ ; 몫 $Q(x)$, 나머지 $0$

➜ $f(x)=(ax+b)Q(x)$

➜ $ax+b=0$  $x=-\dfrac{b}{a}$

➜ $f\left(-\dfrac{b}{a}\right)=0$

다항식 $f(x)=ax^4+bx^3+1$이 $x-1$, $x+1$을 인수로 가질 때, 상수 $a$, $b$에 대하여 $ab$의 값을 구하시오.

**탐구**   다항식 $f(x)$가 $x-1$, $x+1$을 인수로 가지면 $f(1)=0$, $f(-1)=0$

**풀이**   $f(x)$가 $x-1$, $x+1$을 인수로 가지므로
$$f(1)=0, \ f(-1)=0$$
$x=1$, $x=-1$을 $f(x)$에 대입하여 정리하면
$$f(1)=a+b+1=0 \qquad a+b=-1 \ \cdots ①$$
$$f(-1)=a-b+1=0 \qquad a-b=-1 \ \cdots ②$$
①, ②를 연립하여 $a$, $b$를 구하면
$$a=-1, \ b=0$$
$$\therefore \ ab=(-1)\times 0=0$$

**정답**   $0$

---

**유제 16-1**   다항식 $f(x)=x^4+ax^2+7$이 $x-1$로 나누어떨어질 때, 상수 $a$의 값을 구하시오.

**유제 16-2**   다항식 $f(x)=x^3+ax^2+11x+b$가 $x-1$, $x-2$를 인수로 가질 때, 상수 $a$, $b$에 대하여 $a-b$의 값을 구하시오.

**유제 16-3**   다항식 $f(x)=x^3+2x^2+a$가 $x-1$로 나누어떨어질 때, $(x+1)f(x)$를 $x-2$로 나누었을 때의 나머지를 구하시오.

다항식 $f(x)=x^3+2ax^2-(a+b)x-2b$가 $x^2-x-2$로 나누어떨어질 때, 상수 $a$, $b$에 대하여 $ab$ 의 값을 구하시오.

**탐구** 다항식 $f(x)$가 $(x-a)(x-b)$로 나누어떨어지면 $f(a)=0$, $f(b)=0$이다.

**풀이** $f(x)$를 $x^2-x-2$로 나누었을 때의 몫을 $Q(x)$라 하고 나눗셈 관계식으로 나타내면

$$f(x)=x^3+2ax^2-(a+b)x-2b=(x^2-x-2)Q(x)$$
$$=(x-2)(x+1)Q(x) \qquad \cdots ①$$

$f(x)$가 $(x-2)(x+1)$로 나누어떨어지면 $f(x)$는 $x-2$, $x+1$로 각각 나누어떨어지므로

$$f(2)=0, \ f(-1)=0$$

①에 $x=2$를 대입하면

$$8+8a-2a-2b-2b=0 \qquad 6a-4b+8=0$$
$$\therefore \ 3a-2b=-4 \qquad \cdots ②$$

①에 $x=-1$을 대입하면

$$-1+2a+a+b-2b=0 \qquad 3a-b-1=0$$
$$\therefore \ 3a-b=1 \qquad \cdots ③$$

②, ③을 연립하여 풀면

$$a=2, \ b=5$$
$$\therefore \ ab=2\times5=10$$

**정답** 10

---

**유제 17-1** 다항식 $f(x)=x^4+ax^3-x+b$가 $x^2-3x+2$로 나누어떨어질 때, 상수 $a$, $b$에 대 하여 $a^2+b^2$의 값을 구하시오.

**유제 17-2** 다항식 $f(x)=x^4+ax^3+bx^2-(a+1)x-2$가 $x^2+x-2$로 나누어떨어질 때, $f(-1)$의 값을 구하시오.

# 반복학습 기록란.

가장 좋은 학습방법은 학교에서나 학원에서나 선생님의 강의를 열심히 듣고 여러 번 반복학습하는 것입니다.
지금부터 당장 선생님의 강의를 열심히 듣고 반복! 반복하십시오. 그러면 곧 모든 과목에 자신이 생길 것입니다.

| 회수 | 시작이 반! | | | 끝을 봐야! | | | 확인 |
|---|---|---|---|---|---|---|---|
| 제1회 | 년 | 월 | 일 부터 | 년 | 월 | 일 까지 | |
| 제2회 | 년 | 월 | 일 부터 | 년 | 월 | 일 까지 | |
| 제3회 | 년 | 월 | 일 부터 | 년 | 월 | 일 까지 | |
| 제4회 | 년 | 월 | 일 부터 | 년 | 월 | 일 까지 | |
| 제5회 | 년 | 월 | 일 부터 | 년 | 월 | 일 까지 | |
| 제6회 | 년 | 월 | 일 부터 | 년 | 월 | 일 까지 | |
| 제7회 | 년 | 월 | 일 부터 | 년 | 월 | 일 까지 | |
| 제8회 | 년 | 월 | 일 부터 | 년 | 월 | 일 까지 | |
| 제9회 | 년 | 월 | 일 부터 | 년 | 월 | 일 까지 | |
| 제10회 | 년 | 월 | 일 부터 | 년 | 월 | 일 까지 | |

# Step A 연습 문제

▶ 연습문제 A는 앞에서 배운 기초 단계의 문제이므로 선생님의 도움 없이 스스로 풀어 자신의 실력을 점검해 보도록 하자.

**01** 등식 $ax+2=3x-b$가 $x$에 대한 항등식일 때, 상수 $a$, $b$에 대하여 $a+b$의 값을 구하시오.

**02** 다음 등식이 $x$에 대한 항등식일 때, 상수 $a$, $b$, $c$의 값을 구하시오.
$$4x^2+(a-2)x+c=(b-1)x^2+3x$$

**03** 등식 $(k-2)x+(2k+1)y-4k+3=0$이 임의의 $k$의 값에 대하여 성립할 때, $x+y$의 값을 구하시오.

**04** $\dfrac{6x+2a}{3x+2}$가 $x$의 값에 관계없이 항상 일정한 값을 가질 때, 상수 $a$의 값을 구하시오.
$$\left(\text{단, } x \neq -\frac{2}{3}\right)$$

**05** 등식 $(ax-1)(4x^2+bx+c)=8x^3-1$이 $x$에 대한 항등식일 때, 상수 $a$, $b$, $c$에 대하여 $abc$의 값을 구하시오.

**06** 등식 $(x-a)(x+1)-6=(x-5)(x+b)$가 $x$에 대한 항등식일 때, 상수 $a$, $b$에 대하여 $a^2+b^2$의 값을 구하시오.

**07** 등식 $2x^3 - 2x^2 + 3x + 3 = a(x-1)^3 + b(x-1)^2 + c(x-1) + d$ 가 $x$에 대한 항등식일 때, 상수 $a$, $b$, $c$, $d$에 대하여 $\dfrac{b+d}{ac}$의 값을 구하시오.

**08** 다항식 $x^3 + ax + b$를 $x^2 - x - 2$로 나누었을 때의 나머지가 $2x - 1$이 되도록 하는 상수 $a$, $b$의 값을 구하시오.

**09** 다항식 $x^3 + px^2 + qx + 5$가 $x^2 - 2x + 5$로 나누어떨어질 때, 상수 $p$, $q$에 대하여 $pq$의 값을 구하시오.

**10** 다항식 $2x^3 + ax^2 + bx + 1$ $(a, b$는 상수)을 $x - 1$로 나누었을 때의 나머지가 $8$이고, $x + 1$로 나누어떨어진다. 이 식을 $x + 2$로 나누었을 때의 나머지를 구하시오.

**11** 다항식 $f(x)$를 $x - 2$로 나누었을 때의 나머지가 $1$이고, $x + 3$으로 나누었을 때의 나머지가 $-4$이다. $f(x)$를 $(x-2)(x+3)$으로 나누었을 때의 나머지를 구하시오.

**12** 다항식 $f(x)$를 $(x-1)^2$으로 나누었을 때의 나머지가 $2x + 1$이고, $x - 3$으로 나누었을 때의 나머지가 $2$이다. $f(x)$를 $(x-1)^2(x-3)$으로 나누었을 때의 나머지를 구하시오.

**13** 다항식 $f(x)$를 $(x-2)(x-3)$으로 나누었을 때의 나머지가 $2x+3$일 때, $f(3x)$를 $x-1$로 나누었을 때의 나머지를 구하시오.

**14** 다항식 $f(x)$를 $x-4$로 나누었을 때의 몫은 $g(x)$, 나머지는 5이고, $g(x)$를 $x-6$으로 나누었을 때의 나머지는 2이다. $f(x)$를 $x-6$으로 나누었을 때의 나머지를 구하시오.

**15** 다항식 $f(x)$를 $x-\dfrac{3}{2}$으로 나누었을 때의 몫을 $Q(x)$, 나머지를 $R$이라 하면 $f(x)$를 $2x-3$으로 나누었을 때의 몫과 나머지를 $Q(x)$와 $R$을 이용하여 구하시오.

**16** 다항식 $f(x)=x^4+ax^2+7$이 $x-1$로 나누어떨어질 때, 상수 $a$의 값을 구하시오.

**17** 다항식 $f(x)=x^4+ax^3-x+b$가 $x^2-3x+2$로 나누어떨어질 때, 상수 $a$, $b$에 대하여 $a^2+b^2$의 값을 구하시오.

▶ 연습문제 B는 앞에서 배운 문제 중 응용단계의 문제이므로 연습장에 스스로 풀어보고 잘 풀리지 않으면 처음부터 다시 공부한 후 자신이 있을 때 다시 풀어 보도록 하자.

**01** 다음 등식이 $x$에 대한 항등식일 때, 상수 $a$, $b$의 값을 구하시오.

$$x^2+(a+b)x+a-2b=x^2+3x$$

**02** 등식 $kx^2-2k(2+k)x+k^2y+4k=0$이 임의의 $k$의 값에 대하여 성립할 때, $x+y$의 값을 구하시오.

**03** $\dfrac{4x+ay+b}{x+2y+2}$가 $x$, $y$의 값에 관계없이 항상 일정한 값을 가질 때, 상수 $a$, $b$에 대하여 $a-b$의 값을 구하시오. (단, $x+2y \neq -2$)

**04** $f(x)=2^x(ax^2+bx+c)$가 $x$의 값에 관계없이 항상 $f(x+1)-f(x)=2^x x^2$을 만족할 때, 상수 $a$, $b$, $c$의 값을 구하시오.

**05** 다항식 $f(x)$에 대하여 등식 $(x-1)(x^2+1)f(x)=x^8-ax^2-b$가 $x$에 대한 항등식이 되도록 상수 $a$, $b$를 정할 때, $a^2+b^2$의 값을 구하시오.

**06** 다항식 $x^3+x^2-ax+a+2$를 $x^2+2x-8$로 나누었을 때의 나머지가 $x+b$가 되도록 하는 상수 $a$, $b$에 대하여 $a-3b$의 값을 구하시오.

**07** 다항식 $x^3+ax^2+bx-2$를 $x^2-x+1$로 나누었을 때의 나머지가 $0$이라 한다. 이때 상수 $a$, $b$의 값을 구하시오.

**08** 두 다항식 $f(x)$, $g(x)$에 대하여 $2f(x)+5g(x)$를 $x+1$로 나누었을 때의 나머지는 2, $3f(x)+g(x)$를 $x+1$로 나누었을 때의 나머지는 3이라 할 때, $f(x)g(x)$를 $x+1$로 나누었을 때의 나머지를 구하시오.

**09** 다항식 $f(x)$를 $x+1$로 나누었을 때의 나머지가 $-1$, $x+2$로 나누었을 때의 나머지가 $-2$이다. 다항식 $(x^2+1)f(x)$를 $x^2+3x+2$로 나누었을 때의 나머지를 $R(x)$라 할 때, $R(1)$의 값을 구하시오.

**10** 다항식 $f(x)$를 $x^2+1$로 나누었을 때의 나머지가 $x+1$이고, $x-1$로 나누었을 때의 나머지가 $4$이다. $f(x)$를 $(x^2+1)(x-1)$로 나누었을 때의 나머지의 상수항을 구하시오.

**11**　다항식 $f(x)$를 $(x-1)(x+2)$로 나누었을 때의 나머지가 $2x-1$일 때, 다항식
$xf(3x+1)$을 $x+1$로 나누었을 때의 나머지를 구하시오.


**12**　다항식 $f(x)$를 $x+1$로 나누었을 때의 몫이 $Q(x)$, 나머지가 $2$이고, $Q(x)$를 $x-1$로 나누었
을 때의 나머지가 $3$일 때, 다항식 $(x+2)f(x)$를 $x-1$로 나누었을 때의 나머지를 구하시오.


**13**　다항식 $f(x)$를 $3x+3$으로 나누었을 때의 몫을 $Q(x)$, 나머지를 $R$이라 할 때, $f(x)$를 $x+1$
로 나누었을 때의 몫과 나머지를 $Q(x)$와 $R$을 이용하여 구하시오.


**14**　다항식 $f(x)=x^3+2x^2+a$가 $x-1$로 나누어떨어질 때, $(x+1)f(x)$를 $x-2$로 나누었을
때의 나머지를 구하시오.


**15**　다항식 $f(x)=x^3+2ax^2-(a+b)x-2b$가 $x^2-x-2$로 나누어떨어질 때, 상수 $a$, $b$에
대하여 $ab$의 값을 구하시오.

**P A R T**

# 03

## 인수분해


◈ 중·고교 연결과정 선수학습
1 곱셈공식을 이용한 인수분해
2 특별한 경우의 인수분해
3 특별한 방법에 의한 인수분해
4 인수분해의 활용
◈ 반복학습 기록란
◈ 연습문제 (A)(B)


**명언**

사람은 자기가 한 약속을 지킬만한 좋은 기억력을 가져야 한다.

- 니체 -

## 1 인수분해공식

(1) $mx + my + mz = m(x+y+z)$

(2) $x^2 - y^2 = (x+y)(x-y)$

(3) $x^2 + 2xy + y^2 = (x+y)^2$

(4) $x^2 - 2xy + y^2 = (x-y)^2$

(5) $x^2 + (a+b)x + ab = (x+a)(x+b)$

---

**강의** **인수분해( I )은 모든 인수분해에서 먼저 공통인수를 묶어내는 공식이다!**

→ 인수분해의 기본은 공통인수로 묶어내는 것!

→ $mx + my + mz = m(x+y+z)$

---

### 기 | 본 | 예 | 제 01

$12x^3y^2 - 18y^3x^2$을 인수분해하시오.

**탐구** 인수분해의 기본 → 공통인수 묶기 $mx + my = m(x+y)$

**풀이** 준식의 공통인수가 $6x^2y^2$이므로 공통인수로 묶어내면

$$(준식) = 6x^2y^2(2x - 3y)$$

**정답** $6x^2y^2(2x - 3y)$

---

**유제 01-1** $3x^3y - 6x^2y^2 - 6xy^3$을 인수분해하시오.

**유제 01-2** $a^2b + 3ab^2 + 4ab$를 인수분해하시오.

**강의** 인수분해(Ⅱ)는 $(\quad)^2-(\quad)^2$ 꼴로 변형하여 인수분해한다!

➜ $(\quad)^2-(\quad)^2=($합$)($차$)$

➜ $x^2-y^2=(x+y)(x-y)$

## 기 | 본 | 예 | 제 02

다음 식을 인수분해하시오.

(1) $x^2-9$ (2) $4x^2-1$

**탐구** $(\quad)^2-(\quad)^2=($합$)($차$)$

**풀이** (1) (준식)$=(x)^2-3^2=(x+3)(x-3)$

(2) (준식)$=(2x)^2-1^2=(2x+1)(2x-1)$

**정답** (1) $(x+3)(x-3)$ (2) $(2x+1)(2x-1)$

---

**유제 02-1** 다음 식을 인수분해하시오.

(1) $9x^2-4$ (2) $4x^2-25$

**유제 02-2** $32a^2b-18b$를 인수분해하시오.

**유제 02-3** $a^2-b^2=(a+b)(a-b)$임을 이용하여 $45^2-5^2$의 값을 계산하시오.

> **강의** 인수분해(Ⅲ)은 $(머리)^2$, $(꼬리)^2$을 찾아 인수분해한 후 $\pm 2(머리)(꼬리)$를 검산한다!
> → $(머리)^2 \pm 2(머리)(꼬리) + (꼬리)^2 = (머리 \pm 꼬리)^2$
> → $x^2 \pm 2xy + y^2 = (x \pm y)^2$

## 기|본|예|제 03

다음 식을 인수분해하시오.

(1) $x^2 - 2x + 1$  (2) $x^2 + 6x + 9$

**탐구** $(머리)^2 \pm 2(머리)(꼬리) + (꼬리)^2 = (머리 \pm 꼬리)^2$

**풀이** (1) $(준식) = (x)^2 - 2 \times x \times 1 + 1^2 = (x-1)^2$

(2) $(준식) = (x)^2 + 2 \times x \times 3 + 3^2 = (x+3)^2$

**정답** (1) $(x-1)^2$  (2) $(x+3)^2$

---

**유제 03-1** 다음 식을 인수분해하시오.

(1) $x^2 + 12x + 36$  (2) $x^2 - 16x + 64$

**유제 03-2** 다음 식이 완전제곱식으로 인수분해될 때, $\boxed{\phantom{x}}$ 안에 들어갈 수의 합을 구하시오.

$$a^2 + 2a + \boxed{\phantom{x}} \qquad a^2 - 8a + \boxed{\phantom{x}}$$

**유제 03-3** $\dfrac{1}{4}x^2y + xy + y$를 인수분해하시오.

> **강의** 인수분해(IV)는 곱 $ab$와 합 $a+b$에서 $a$, $b$를 찾아 인수분해한다!
> → 2차 3항꼴=(1차식)(1차식)
> → $x^2+$합$x+$곱$=(x+a)(x+b)$ ; 합 $a+b$, 곱 $ab$

### 기 | 본 | 예 | 제 04

다음 식을 인수분해하시오.

(1) $x^2-5x+6$                        (2) $x^2-2x-3$

**탐구**    $x^2+$(합)$x+$(곱)의 꼴을 합 $a+b$와 곱 $ab$를 찾아 분해한다.

**풀이**    (1) 합은 $-5$이고 곱은 6인 두 수 $a$, $b$를 구하여 인수분해하면
$$a=-2, \ b=-3$$
$$\therefore \ (준식)=(x-2)(x-3)$$

           (2) 합은 $-2$이고 곱은 $-3$인 두 수 $a$, $b$를 구하여 인수분해하면
$$a=-3, \ b=1$$
$$\therefore \ (준식)=(x-3)(x+1)$$

**정답**    (1) $(x-2)(x-3)$      (2) $(x-3)(x+1)$

---

**유제 04-1** 다음 식을 인수분해하시오.

(1) $x^2+3x+2$                    (2) $x^2+4x-5$

**유제 04-2** $x^2y^2+2x^2y-8x^2$을 인수분해하시오.

**유제 04-3** $x^2+ax-12=(x+b)(x+c)$에서 $a<0$, $b<0$, $c>0$인 정수 $a$, $b$, $c$에 대하여 $a+b+c$의 최댓값을 구하시오.

# 01 곱셈공식을 이용한 인수분해



## 1 인수분해공식( I )

➜ 인수분해의 기본은 공통인수를 묶어내는 것이다.

➜ $mx+my+nx+ny=(m+n)(x+y)$

---

**강의 인수분해( I )는 모든 인수분해에서 먼저 공통인수를 묶어내는 공식이다!**

➜ 인수분해의 기본은 공통인수로 묶어내는 것!

① $mx+my+mz=m(x+y+z)$

② $mx+my+nx+ny=m(x+y)+n(x+y)$
$$=(m+n)(x+y)$$

---

### 기 | 본 | 예 | 제 01

$x^4-3x^3+2x-6$을 인수분해하시오.

**탐구** 인수분해의 기본 → 공통인수 묶어내는 것!

**풀이** 준식을 적당히 묶어서 공통인수를 찾고 인수분해하면
$$(준식)=x^3(x-3)+2(x-3)$$
$$=(x^3+2)(x-3)$$

**정답** $(x^3+2)(x-3)$

---

**유제 01-1** $(a-b)x^2+(b-a)xy$를 인수분해하시오.

**유제 01-2** $m+n=5$, $x+y+z=7$일 때 $mx+my+mz+nx+ny+nz$의 값을 구하시오.

→ 제곱의 차는 합과 차의 곱으로 인수분해된다.

→ $(ax)^2 - (by)^2 = (ax+by)(ax-by)$

---

**강의** 　인수분해(Ⅱ)는 $(\ \ \ )^2 - (\ \ \ )^2$ 꼴로 변형하여 인수분해하는 공식이다!

→ $(\ \ \ )^2 - (\ \ \ )^2 = (합)(차)$

① $x^2 - y^2 = (x+y)(x-y)$

② $(ax)^2 - (by)^2 = (ax+by)(ax-by)$

---

### 기│본│예│제 02

다음을 인수분해하시오.

(1) $4x^2 - 9y^2$　　　　　　　　　　　(2) $(x-3)^2 - (y+1)^2$

**탐구**　　제곱의 차 → 합과 차의 곱으로 인수분해 $A^2 - B^2 = (A+B)(A-B)$

**풀이**　　(1) $(준식) = (2x)^2 - (3y)^2 = (2x+3y)(2x-3y)$

　　　　　(2) $(준식) = \{(x-3)+(y+1)\}\{(x-3)-(y+1)\}$

　　　　　　　　　　$= (x+y-2)(x-y-4)$

**정답**　　(1) $(2x+3y)(2x-3y)$　　(2) $(x+y-2)(x-y-4)$

---

**유제 02-1**　　$x^4 - y^4$을 인수분해하시오.

**유제 02-2**　　그림과 같이 밑면이 한 변의 길이가 $a+b$인 정사각형이고 높
이가 $a+b+c$인 직육면체 모양의 블럭에 한 변의 길이가 $a$인
정사각형 모양의 구멍을 뚫었을 때의 블럭의 부피를 인수분해
하여 나타내시오.

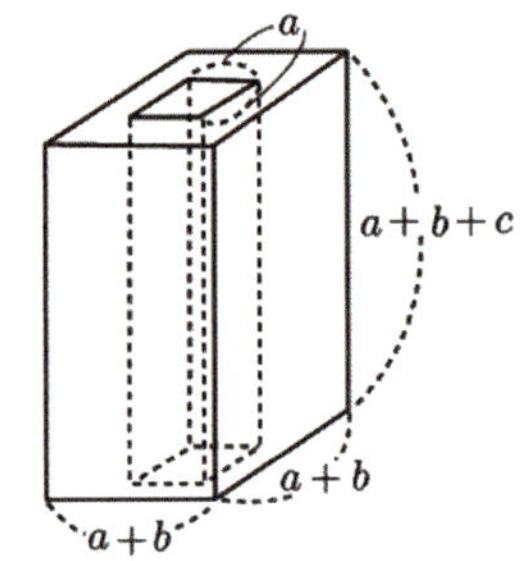

## 3  인수분해공식 (Ⅲ)

→ 완전제곱으로 인수분해되는 것이다.

(1) $x^2 \pm 2xy + y^2 = (x \pm y)^2$

(2) $x^2 + y^2 + z^2 + 2xy + 2yz + 2zx = (x+y+z)^2$

---

**강의  인수분해 (Ⅲ)는 완전제곱꼴로 인수분해되는 공식이다!**

→ 완전제곱으로 인수분해되는 것!

① $a^2 + b^2 + 2ab = (a+b)^2$

② $a^2 + b^2 + c^2 + 2ab + 2bc + 2ca = (a+b+c)^2$

---

### 기 | 본 | 예 | 제 03

다음을 인수분해하시오.

(1) $4x^2 + 12xy + 9y^2$

(2) $a^2 + b^2 + c^2 - 2ab + 2bc - 2ca$

**탐구**
① (머리±꼬리)$^2$으로 묶어 주고 중앙항을 검산하라! → 중앙항 $\pm 2$(머리)(꼬리)

② 완전제곱으로 인수분해 → 부호 주의 !

**풀이**
(1) 머리 ; $(2x)^2$, 꼬리 ; $(3y)^2$로 놓고 묶어주면 (준식) $= (2x+3y)^2$
중앙항을 검산하면
$$2 \times 2x \times 3y = 12xy$$

(2) (준식) $= a^2 + (-b)^2 + (-c)^2 + 2a \times (-b) + 2 \times (-b) \times (-c) + 2 \times (-c) \times a$
$$= (a-b-c)^2$$

**정답**
(1) $(2x+3y)^2$　　　(2) $(a-b-c)^2$

---

**유제 03-1**  다음을 인수분해하시오.

(1) $4(4x^2 - 6xy) + 9y^2$

(2) $9x^2 + 4y^2 + z^2 - 12xy - 4yz + 6zx$

**유제 03-2**  다음을 인수분해하시오.

(1) $x^2 + \dfrac{1}{x^2} + 2$

(2) $x^2 + y^2 + 4z^2 + 2xy - 4yz - 4zx$

→ 이차 삼항꼴의 인수분해는 다음 공식을 이용한다.

→ $acx^2 + (ad+bc)x + bd = (ax+b)(cx+d)$

---

**강의** **인수분해($\text{IV}$)는 이차 삼항꼴이므로 (1차식)(1차식)으로 인수분해되는 공식이다!**

→ 2차 3항꼴=(1차식)(1차식)

① $x^2 + (a+b)x + ab = (x+a)(x+b)$

② $acx^2 + (ad+bc)xy + bdy^2$

$$
\begin{array}{ccc}
ax & \diagdown & by \\
cx & \diagup & dy
\end{array}
\xrightarrow{\text{검산}} (ad+bc)xy \;\rightarrow\; (ax+by)(cx+dy)
$$

---

**기|본|예|제 04**

$3x^2 - xy - 4y^2$을 인수분해하시오.

**탐구** 머리 $acx^2$은 $ax \times cx$로 분해하고, 꼬리 $bdy^2$은 $by \times dy$로 분해한 후 맞는 짝을 찾아 $(ad+bc)xy$를 확인한다.

$$
\begin{array}{c}
(ax+by) \\
\diagdown \\
(cx+dy)
\end{array}
\rightarrow \text{확인 } (ad+bc)xy
$$

**풀이** 머리 $3x^2 = x \times 3x$이고, 꼬리 $-4y^2$은 $y \times (-4y)$ 또는 $(-y) \times 4y$로 분해한 후 맞는 짝을 찾아 인수분해하면

$$
\begin{array}{c}
(x+y) \\
\times \\
(3x-4y)
\end{array}
\rightarrow (-4+3)xy = -xy
$$

$$\therefore \text{(준식)} = (x+y)(3x-4y)$$

**정답** $(x+y)(3x-4y)$

---

**유제 04-1** 다음 식을 인수분해하시오.

(1) $3a^2 - 5ab - 2b^2$  (2) $2a^2 - 5ab + 2b^2$

**유제 04-2** $15x^2 - 2xy - 24y^2$을 인수분해하면 $(ax+by)(cx+dy)$가 된다. 이때 상수 $a$, $b$, $c$, $d$에 대하여 $a+b+c+d$의 값을 구하시오.

→ 완전세제곱으로 인수분해되는 것이다.

(1) $x^3 + 3x^2y + 3xy^2 + y^3 = (x+y)^3$

(2) $x^3 - 3x^2y + 3xy^2 - y^3 = (x-y)^3$

> **강의** **인수분해(Ⅴ)는 완전세제곱꼴로 인수분해되는 공식이다!**
>
> → 완전세제곱으로 인수분해되는 것!
>
> → $(\text{머리})^3 \pm 3(\text{머리})^2(\text{꼬리}) + 3(\text{머리})(\text{꼬리})^2 \pm (\text{꼬리})^3 = (\text{머리}\pm\text{꼬리})^3$
>
> → $A^3 \pm 3A^2B + 3AB^2 \pm B^3 = (A \pm B)^3$

## 기|본|예|제 **05**

$8x^3 - 36x^2y + 54xy^2 - 27y^3$을 인수분해하시오.

**탐구** 3차 4항꼴이므로 $(\text{머리}\pm\text{꼬리})^3$으로 묶어 주고 중앙항을 검산하라!

**풀이** 머리 : $(2x)^3$, 꼬리 : $(3y)^3$으로 놓고 묶어주면

$$(준식) = (2x - 3y)^3$$

중앙항을 검산하면

$$-3(2x)^2(3y) + 3(2x)(3y)^2 = -36x^2y + 54xy^2$$

**정답** $(x+y)(3x-4y)(2x-3y)^3$

---

**유제 05-1** 다음 식을 인수분해하시오.

(1) $64x^3 + 48x^2y + 12xy^2 + y^3$          (2) $8x^3 - 60x^2 + 150x - 125$

**유제 05-2** 다항식 $27x^3 - 54x^2y + 36xy^2 - 8y^3$이 $(ax + by)^3$으로 인수분해되었을 때, 상수 $a$, $b$에 대하여 $a+b$의 값을 구하시오.

→ 3차식은 (1차식)(2차식)으로 인수분해된다.

(1) $x^3 + y^3 = (x+y)(x^2 - xy + y^2)$

(2) $x^3 - y^3 = (x-y)(x^2 + xy + y^2)$

(3) $x^3 + y^3 + z^3 - 3xyz = (x+y+z)(x^2 + y^2 + z^2 - xy - yz - zx)$

$$= \frac{1}{2}(x+y+z)\{(x-y)^2 + (y-z)^2 + (z-x)^2\}$$

---

**강의** 인수분해(Ⅵ-1)은 $(\quad)^3 \pm (\quad)^3$ 꼴이므로 (1차식)(2차식)으로 인수분해되는 공식이다!

→ $(\quad)^3 \pm (\quad)^3 = (1차식)(2차식)$

① $x^3 + y^3 = (x+y)(x^2 - xy + y^2)$

② $x^3 - y^3 = (x-y)(x^2 + xy + y^2)$

---

### 기 | 본 | 예 | 제 06

다음 식을 인수분해하시오.

(1) $x^3 + 8$

(2) $8x^3 - 27y^3$

**탐구** $(\quad)^3 \pm (\quad)^3 \rightarrow$ (1차식)(2차식)의 꼴로 인수분해된다!

**풀이** (1) (준식) $= x^3 + 2^3 = (x+2)(x^2 - 2x + 4)$

(2) (준식) $= (2x)^3 - (3y)^3 = (2x-3y)\{(2x)^2 + 2x \times 3y + (3y)^2\}$

$$= (2x-3y)(4x^2 + 6xy + 9y^2)$$

**정답** (1) $(x+2)(x^2 - 2x + 4)$ (2) $(2x-3y)(4x^2 + 6xy + 9y^2)$

---

**유제 06-1** 다음 식을 인수분해하시오.

(1) $2x^3 - 54$

(2) $16a^4 + 250ab^3$

**유제 06-2** $x^6 - y^6$을 인수분해하시오.

 **인수분해(Ⅵ-2)는 3차식이므로 (1차식)(2차식)으로 인수분해되는 공식이다!**

① 3차식=(1차식)(2차식)

② 3문자 → 윤환식 배열

$$\rightarrow x^3+y^3+z^3-3xyz=(x+y+z)(x^2+y^2+z^2-xy-yz-zx)$$
$$=\frac{1}{2}(x+y+z)\{(x-y)^2+(y-z)^2+(z-x)^2\}$$

## 기 | 본 | 예 | 제 07

$x^3-y^3+6xy+8$을 인수분해하시오.

**탐구**  3차식 → (1차식)(2차식)

$\rightarrow x^3+y^3+z^3-3xyz=(x+y+z)(x^2+y^2+z^2-xy-yz-zx)$

**풀이**  (준식)$=x^3+(-y)^3+2^3-3\times x\times(-y)\times 2$

$=(x-y+2)\{x^2+(-y)^2+2^2-x\times(-y)-(-y)\times 2-2x\}$

$=(x-y+2)(x^2+y^2+xy-2x+2y+4)$

**정답**  $(x-y+2)(x^2+y^2+xy-2x+2y+4)$

---

**유제 07-1**  $8x^3+27y^3-z^3+18xyz$를 인수분해하시오.

**유제 07-2**  $a^3+8b^3+27c^3-18abc$를 인수분해하시오.

**유제 07-3**  $-a^3+8b^3+30ab+125$를 인수분해하시오.

→ 복이차식은 (2차식)(2차식)으로 인수분해된다.

(1) $x^4 + x^2y^2 + y^4 = (x^2 + xy + y^2)(x^2 - xy + y^2)$

(2) $x^4 + a^2x^2 + a^4 = (x^2 + ax + a^2)(x^2 - ax + a^2)$

---

**강의** 인수분해(Ⅶ)는 복이차식이므로 (2차식)(2차식)으로 인수분해되는 공식이다!

→ 복2차식 = (2차식)(2차식)

① 곱셈공식 $(x^2 + xy + y^2)(x^2 - xy + y^2) = x^4 + x^2y^2 + y^4$

② 인수분해 $x^4 + x^2y^2 + y^4 = (x^2 + xy + y^2)(x^2 - xy + y^2)$

---

### 기|본|예|제 08

다음 식을 인수분해하시오.

(1) $x^4 + 4x^2 + 16$          (2) $16x^4 + 4x^2y^2 + y^4$

**탐구** $x^4 + y^4$을 찾아 (2차식)(2차식)으로 인수분해한다.

**풀이** (1) (준식) $= x^4 + x^2 \times 2^2 + 2^4 = (x^2 + 2x + 4)(x^2 - 2x + 4)$

(2) (준식) $= (2x)^4 + (2x)^2 \times y^2 + y^4 = (4x^2 + 2xy + y^2)(4x^2 - 2xy + y^2)$

**정답** (1) $(x^2 + 2x + 4)(x^2 - 2x + 4)$     (2) $(4x^2 + 2xy + y^2)(4x^2 - 2xy + y^2)$

---

**유제 08-1** 다음 식을 인수분해하시오.

(1) $x^4 + 9x^2 + 81$         (2) $81x^4 + 36x^2y^2 + 16y^4$

**유제 08-2** $x = \dfrac{\sqrt{7} + \sqrt{3}}{2}$, $y = \dfrac{\sqrt{7} - \sqrt{3}}{2}$ 일 때, $x^4 + x^2y^2 + y^4$의 값을 구하시오.

### 1 동일부분이 있는 경우의 인수분해

(1) 동일부분을 $X$로 치환하여 전개한 후 다시 환원한다.
(2) 동일부분을 한 묶음으로 보고 인수분해한다.

> **강의** 동일부분이 있는 경우의 인수분해는 치환하여 인수분해한 후 환원한다!
> ① 동일부분 → 치환
> ② 공통부분 → 추출

---

**기|본|예|제 09**

$(x^2-5x+4)(x^2-5x+6)-24$를 인수분해하시오.

**탐구** 동일부분 치환 → 인수분해 후 환원!

**풀이** 동일부분 $x^2-5x=X$로 치환하고 인수분해하면

$$(X+4)(X+6)-24=X^2+10X=X(X+10)$$

$X=x^2-5x$로 환원하면

$$(준식)=(x^2-5x)(x^2-5x+10)=x(x-5)(x^2-5x+10)$$

**정답** $x(x-5)(x^2-5x+10)$

---

**유제 09-1** $(x+1)(x+2)(x-4)(x-5)-16$을 인수분해하시오.

**유제 09-2** $(x-1)^2(x-3)(x+1)-12$를 인수분해하시오.

(1) $x^2 = X$로 치환하여 생각한다.

(2) 치환하여 인수분해되지 않을 경우에는 (머리$\pm$꼬리)$^2 - ($  $)^2$ 꼴로 변형하여 생각한다.

**강의** **복이차식의 인수분해는 직관이나 (  )$^2 - ($  )$^2$ 꼴로 변형하여 인수분해 한다!**

→ ① 직관이용 → ② (머리$\pm$꼬리)$^2 - ($  $)^2$ 꼴 변형

**기|본|예|제 10**

다음 식을 인수분해하시오.

(1) $x^4 - 7x^2 + 12$

(2) $x^4 - 7x^2 + 1$

**탐구** ① $x^2 = X$로 치환하는 것은 $x^2$을 한 덩어리로 생각하여 직관에 의해 인수분해하는 것과 같다.

② 치환하여 인수분해되지 않으므로 (  )$^2 - ($  $)^2$ 꼴로 변형한다.

**풀이** (1) $(준식) = (x^2 - 3)(x^2 - 4)$

$$= (x^2 - 3)(x - 2)(x + 2)$$

(2) $(x^4 + 2x^2 + 1) - 9x^2 = (x^2 + 1)^2 - (3x)^2$

$$= (x^2 + 3x + 1)(x^2 - 3x + 1)$$

**정답** (1) $(x^2 - 3)(x - 2)(x + 2)$   (2) $(x^2 + 3x + 1)(x^2 - 3x + 1)$

**유제 10-1** 다음 식을 인수분해하시오.

(1) $x^4 + 13x^2 + 36$

(2) $x^4 - 15x^2 + 9$

**유제 10-2** 다음 식을 인수분해하시오.

(1) $x^4 - 4x^2y^2 + 4y^4$

(2) $x^4 - 23x^2y^2 + y^4$

→ 몇 개씩 group을 지어 생각한다.

> **강의**　항이 4개인 경우의 인수분해는 그룹으로 묶어 인수분해한다!
>
> $$4항 \begin{cases} 2개+2개 \\ 1개+3개 \\ 3개+1개 \end{cases} \rightarrow \text{group으로 만든 후 인수분해}$$

## 기|본|예|제 11

다음 식을 인수분해하시오.

(1) $x^4 - 4x^2 - 16x - 16$　　　　　(2) $x^3 + 2x^2 - xy^2 - 2y^2$

**탐구**　4항 → 2항+2항, 1항+3항, 3항+1항 → group으로 만든 후 인수분해 !

**풀이**　(1) $x^4 - 4x^2 - 16x - 16 = x^4 - 4(x^2 + 4x + 4) = x^4 - 4(x+2)^2$

$$= (x^2)^2 - \{2(x+2)\}^2$$

$$= (x^2 + 2x + 4)(x^2 - 2x - 4)$$

(2) $x^3 + 2x^2 - xy^2 - 2y^2 = x^2(x+2) - y^2(x+2) = (x^2 - y^2)(x+2)$

$$= (x+y)(x-y)(x+2)$$

**정답**　(1) $(x^2 + 2x + 4)(x^2 - 2x - 4)$　　(2) $(x+y)(x-y)(x+2)$

---

**유제 11-1**　다음 식을 인수분해하시오.

(1) $a^2 + b^2 - c^2 + 2ab$　　　　　(2) $a^3 - a^2 b + ab^2 - b^3$

**유제 11-2**　다음 식을 인수분해하시오.

(1) $x^2 - y^2 - z^2 - 2yz$　　　　　(2) $x^3 - xy^2 - 2x^2 y + 2y^3$

**[1] 문자의 차수가 다를 때**

→ 차수가 가장 낮은 문자에 대하여 내림차순으로 정리한다.

**[2] 문자의 차수가 같을 때**

→ 어느 한 문자에 대하여 내림차순으로 정리한다.

> **강의** 문자가 2개 이상인 경우 최저차 문자에 대해 내림차순으로 정리하여 인수분해한다!
>
> → 문자 多 → 최저차 문자 기준 정리

多(많을 다)

## 기|본|예|제 **12**

다음을 인수분해하시오.

(1) $x^3 + x^2z + xz^2 - y^3 - y^2z - yz^2$   (2) $2x^2 + 5xy - 3y^2 + 3x - 5y - 2$

**탐구**
① 문자의 차수가 다를 때는 가장 낮은 차수의 문자에 대하여 내림차순 정리!
② 문자의 차수가 같으므로 어느 한 문자에 대하여 내림차순 정리!

**풀이**
(1) $z$에 대하여 내림차순으로 정리하면

$$(준식) = (x-y)z^2 + (x+y)(x-y)z + (x-y)(x^2+xy+y^2)$$
$$= (x-y)\{z^2 + (x+y)z + x^2 + xy + y^2\}$$
$$= (x-y)(x^2+y^2+z^2+xy+yz+zx)$$

(2) $x$에 대하여 내림차순으로 정리하면

$$(준식) = 2x^2 + (5y+3)x - (3y^2+5y+2)$$
$$= 2x^2 + (5y+3)x - (3y+2)(y+1)$$
$$= \{2x - (y+1)\}\{x + (3y+2)\}$$
$$= (2x-y-1)(x+3y+2)$$

**정답** (1) $(x-y)(x^2+y^2+z^2+xy+yz+zx)$   (2) $(2x-y-1)(x+3y+2)$

---

**유제 12-1** 다음을 인수분해하시오.

(1) $x^3 - x^2z + xz^2 - 2xyz + y^3 - y^2z + yz^2$   (2) $x^2 + 3xy + 2y^2 - x - 3y - 2$

**유제 12-2** 다음을 인수분해하시오.

(1) $x^3z^2 - x^2z - x - y^3z^2 + y^2z + y$   (2) $2x^2 - 3xy + y^2 + y - 2$

→ 윤환식은 문자의 차수가 같으므로 어느 한 문자에 대하여 내림차순으로 정리하여 인수분해한다.

**강의** **윤환식의 인수분해는 한 문자에 대하여 내림차순으로 정리한 후 인수분해한다!**

→ 한 문자에 대하여 내림차순 정리 → 인수분해

→ (준식)$=\square\,(a-b)(b-c)(c-a)$ 꼴

## 기 | 본 | 예 | 제 13

$a^2(b-c)+b^2(c-a)+c^2(a-b)$를 인수분해하시오.

**탐구** 전개하여 한 문자에 대하여 내림차순 정리!

**풀이** 식을 전개한 후 $a$에 대하여 내림차순으로 정리하면

$$
\begin{aligned}
(준식) &= a^2b - ca^2 + b^2c - ab^2 + c^2a - bc^2 \\
&= (b-c)a^2 - (b^2-c^2)a + bc(b-c) \\
&= (b-c)a^2 - (b+c)(b-c)a + bc(b-c) \\
&= (b-c)\{a^2 - (b+c)a + bc\} \\
&= (b-c)(a-b)(a-c) \\
&= -(a-b)(b-c)(c-a)
\end{aligned}
$$

**정답** $-(a-b)(b-c)(c-a)$

---

**유제 13-1** $ab(a+b)+bc(b+c)+ca(c+a)+2abc$를 인수분해하시오.

**유제 13-2** $a(b^2-c^2)+b(c^2-a^2)+c(a^2-b^2)$을 인수분해하시오.

**유제 13-3** $a^2b(a+b+c)+abc(b+c)+ca^2(a+b+c)$를 인수분해하시오.

## 1 인수정리를 이용한 인수분해

첫째, $\pm$상수항의 약수, $\pm\dfrac{\text{상수항의 약수}}{\text{최고차항의 계수의 약수}}$ 를 대입한다.

둘째, $f(\alpha)=0$이면 $x-\alpha$인 인수를 갖는다.

셋째, 조립제법을 이용하여 몫을 구한다.

---

**강의** **고차식인 경우에는 인수정리를 이용하여 인수분해한다.**

→ 고차식 → 인수정리 이용 → 인수분해

$$f(\alpha)=0 \;\rightarrow\; f(x)=(x-\alpha)Q(x)$$

$\qquad\quad\downarrow\qquad\qquad\qquad\qquad\downarrow$

$\pm$상수항의 약수 대입 $\qquad$ 조립제법 이용

---

### 기|본|예|제 **14**

$x^4-2x^3-13x^2+14x+24$를 인수분해하시오.

**탐구** 최고차항의 계수가 1이므로 $\pm$상수항의 약수를 대입하여 $f(\alpha)=0$이 되는 $\alpha$를 찾는다!

**풀이** 준식에 $x=-1$, $x=2$를 대입하면 (준식)$=0$

조립제법으로 인수분해하면

$$
\begin{array}{r|rrrrr}
-1 & 1 & -2 & -13 & 14 & 24 \\
   &   & -1 & 3 & 10 & -24 \\
\hline
2 & 1 & -3 & -10 & 24 & 0 \\
  &   & 2 & -2 & -24 & \\
\hline
  & 1 & -1 & -12 & 0 &
\end{array}
$$

$\therefore\; (x+1)(x-2)(x^2-x-12)=(x+1)(x-2)(x+3)(x-4)$

**정답** $(x+1)(x-2)(x+3)(x-4)$

---

**유제 14-1** $x^4+x^3-7x^2-x+6$을 인수분해하시오.

**유제 14-2** $x^4+10x^3+35x^2+50x+24$를 인수분해하시오.

## 2  미정계수법에 의한 인수분해

첫째, (준식)=(  )(  ) 꼴로 놓아 전개한다.

둘째, 양변을 비교하여 계수를 구한다.

셋째, 구한 계수를 (  )(  ) 꼴에 대입한다.

---

**강의**  **미정계수법에 의한 인수분해는 인수 정리가 불가능한 경우에 이용한다!**

→ 인수 정리 이용불가 → 미정계수법 이용

→ (준식)=(머리+$ax$+꼬리)(머리+$bx$+꼬리)

　　　→ 전개 → 계수비교 → 대입

**주의** 준식의 일차항의 계수를 보고 꼬리부분을 분리한다.

① 일차항의 계수가 양수이면 상수항의 약수 중 큰 쪽이 양이다.

② 일차항의 계수가 음수이면 상수항의 약수 중 큰 쪽이 음이다.

---

### 기|본|예|제 15

$x^4-4x^3+3x^2+2x-1$을 인수분해하시오.

**탐구**　인수 정리가 불가능하므로 미정계수법을 이용 !

**풀이**
$$x^4-4x^3+3x^2+2x-1=(x^2+ax+1)(x^2+bx-1)$$
　　　　　머리　　꼬리 머리　　꼬리

$$=x^4+bx^3-x^2+ax^3+abx^2-ax+x^2+bx-1$$

$$=x^4+(a+b)x^3+abx^2+(b-a)x-1$$

계수비교법을 이용하면

$$a+b=-4,\ ab=3,\ b-a=2$$

이 식을 연립하여 $a,\ b$의 값을 구하면

$$a=-3,\ b=-1$$

따라서 준식을 인수분해하면

$$(x^2-3x+1)(x^2-x-1)$$

**정답**　$(x^2-3x+1)(x^2-x-1)$

---

**유제 15-1**　$x^4+4x^3+7x^2+14x-5$를 인수분해하시오.

**유제 15-2**　$x^4+5x^3+10x^2+27x-7$을 인수분해하시오.

# 04

# 인수분해의 활용

## 1 식의 값 구하는 방법

(1) 준식을 인수분해한다.
(2) 합, 차, 곱을 대입하여 식의 값을 구한다.

> **강의** 다항식의 식의 값 구하는 방법은 인수분해하거나 변형공식을 이용한다!
>
> 첫째, 인수분해 또는 변형공식을 이용하여 식을 변형
>
> 둘째, $x+y$, $x-y$, $xy$의 값을 대입

### 기|본|예|제 16

$a = 1 + \sqrt{2}$, $b = 1 - \sqrt{2}$일 때, $a^3 - a^2b + ab^2 - b^3$의 값을 구하시오.

**탐구** 첫째, 준식을 인수분해하여 식을 변형한다.

둘째, $a - b$, $ab$의 값을 식에 대입한다.

**풀이** 준식을 인수분해하면

$$(준식) = a^2(a-b) + b^2(a-b)$$
$$= (a-b)(a^2+b^2)$$

$a - b = 2\sqrt{2}$, $ab = -1$을 이용하여 준식의 값을 구하면

$$(준식) = (a-b)\{(a-b)^2 + 2ab\}$$
$$= 2\sqrt{2}\{(2\sqrt{2})^2 + 2\times(-1)\} = 12\sqrt{2}$$

**정답** $12\sqrt{2}$

---

**유제 16-1** $x = \dfrac{1+\sqrt{3}}{2}$, $y = \dfrac{1-\sqrt{3}}{2}$일 때, $x^3 + y^3 - 3x - 3y$의 값을 구하시오.

**유제 16-2** $x = 2 + \sqrt{5}$, $y = 2 - \sqrt{5}$일 때, $x^3 - y^3 + x^2y - xy^2$의 값을 구하시오.

→ 큰 수식은 계산이 어려우므로 인수분해하여 작은 수식으로 만들어 쉽게 계산한다.

**강의**  복잡한 수식을 계산하는 방법은 인수분해하여 간단한 수식으로 변형한다!
→ 복잡한 수식 → 인수분해 → 간단한 수식

### 기|본|예|제 17

다음 식의 값을 구하시오.

(1) $\dfrac{2025^3+1}{2024\times2025+1}$

(2) $1^2-3^2+5^2-7^2+9^2-11^2$

**탐구**  (1) 적당한 수를 $x$로 놓고 인수분해한다.

(2) 두 개씩 묶어 (합)(차) 공식을 이용한다.

**풀이**  (1) $2025=x$로 놓고 식을 정리하면

$$(준식)=\frac{x^3+1}{(x-1)x+1}=\frac{x^3+1}{x^2-x+1}$$
$$=\frac{(x+1)(x^2-x+1)}{x^2-x+1}$$
$$=x+1$$

$x=2025$로 환원하면

$$(준식)=2025+1=2026$$

(2) 두 개씩 묶어서 합·차공식을 이용하면

$$(준식)=(1^2-3^2)+(5^2-7^2)+(9^2-11^2)$$
$$=(1-3)(1+3)+(5-7)(5+7)+(9-11)(9+11)$$
$$=(-2)\times4+(-2)\times12+(-2)\times20=(-2)\times36=-72$$

**✔ 정답**  (1) 2026  (2) $-72$

---

**유제 17-1**  다음 식의 값을 구하시오.

(1) $\dfrac{400}{56^2-44^2}$

(2) $10^2-9^2+8^2-7^2+6^2-5^2$

**유제 17-2**  다음 식의 값을 구하시오.

$$\frac{2025^3-1}{2025\times2026+1}$$

첫째, 인수분해 또는 변형공식을 이용하여 식을 정리한다.
둘째, 세 변 $a$, $b$, $c$의 관계식을 보고 삼각형의 모양을 판단한다.

> **강의** 인수분해 또는 변형공식을 이용하여 세 변의 관계식을 구하고 삼각형의 모양을 판단한다!
>
> → 인수분해 또는 변형공식 → 세 변의 관계식 → 삼각형의 모양 판단

### 기 | 본 | 예 | 제 **18**

$a^3 + b^3 + c^3 = 3abc$을 만족하는 삼각형의 모양을 말하시오.

(단, $a$, $b$, $c$는 삼각형의 세 변의 길이이다.)

**탐구** 준식을 인수분해 → 변형공식 → 세 변의 관계식 → 삼각형의 모양 결정

**풀이**
$$a^3 + b^3 + c^3 - 3abc = (a+b+c)(a^2+b^2+c^2-ab-bc-ca) \quad : \text{인수분해}$$
$$= \frac{1}{2}(a+b+c)\{(a-b)^2+(b-c)^2+(c-a)^2\} \quad : \text{변형식}$$
$$= 0$$

$a-b=0$, $b-c=0$, $c-a=0$

$\therefore a=b=c$인 정삼각형

**✔ 정답** 정삼각형

---

**유제 18-1** 삼각형의 세 변의 길이 $a$, $b$, $c$에 대하여 $-a(b^2-c^2)+b(a^2-c^2)+c(a^2-b^2)=0$
이 성립할 때, 이 삼각형의 모양을 말하시오.

**유제 18-2** 삼각형의 세 변의 길이 $a$, $b$, $c$에 대하여 $a^3-b^3-a^2b+ab^2+bc^2-c^2a=0$이 성립
할 때, 이 삼각형의 모양을 말하시오.

가장 좋은 학습방법은 학교에서나 학원에서나 선생님의 강의를 열심히 듣고 여러 번 반복학습하는 것입니다.
지금부터 당장 선생님의 강의를 열심히 듣고 반복! 반복하십시오. 그러면 곧 모든 과목에 자신이 생길 것입니다.

| 회수 | 시작이 반! | | | 끝을 봐야! | | | 확인 |
|---|---|---|---|---|---|---|---|
| 제1회 | 년 | 월 | 일 부터 | 년 | 월 | 일 까지 | |
| 제2회 | 년 | 월 | 일 부터 | 년 | 월 | 일 까지 | |
| 제3회 | 년 | 월 | 일 부터 | 년 | 월 | 일 까지 | |
| 제4회 | 년 | 월 | 일 부터 | 년 | 월 | 일 까지 | |
| 제5회 | 년 | 월 | 일 부터 | 년 | 월 | 일 까지 | |
| 제6회 | 년 | 월 | 일 부터 | 년 | 월 | 일 까지 | |
| 제7회 | 년 | 월 | 일 부터 | 년 | 월 | 일 까지 | |
| 제8회 | 년 | 월 | 일 부터 | 년 | 월 | 일 까지 | |
| 제9회 | 년 | 월 | 일 부터 | 년 | 월 | 일 까지 | |
| 제10회 | 년 | 월 | 일 부터 | 년 | 월 | 일 까지 | |

# A Step 연습 문제

> ▶ 연습문제 A는 앞에서 배운 기초 단계의 문제이므로 선생님의 도움 없이 스스로 풀어 자신의 실력을 점검해 보도록 하자.

**01**  $12x^3y^2 - 18y^3x^2$을 인수분해하시오.

**02**  다음 식을 인수분해하시오.

(1) $9x^2 - 4$

(2) $4x^2 - 25$

**03**  다음 식을 인수분해하시오.

(1) $x^2 + 12x + 36$

(2) $x^2 - 16x + 64$

**04**  다음 식을 인수분해하시오.

(1) $x^2 + 3x + 2$

(2) $x^2 + 4x - 5$

**05**  $(a-b)x^2 + (b-a)xy$를 인수분해하시오.

**06**  다음을 인수분해하시오.

(1) $4x^2 - 9y^2$

(2) $(x-3)^2 - (y+1)^2$

**07** 다음을 인수분해하시오.

(1) $4x^2 + 12xy + 9y^2$

(2) $a^2 + b^2 + c^2 - 2ab + 2bc - 2ca$

**08** $3x^2 - xy - 4y^2$을 인수분해하시오.

**09** $8x^3 - 36x^2y + 54xy^2 - 27y^3$을 인수분해하시오.

**10** 다음 식을 인수분해하시오.

(1) $x^3 + 8$

(2) $8x^3 - 27y^3$

**11** $a^3 + 8b^3 + 27c^3 - 18abc$를 인수분해하시오.

**12** 다음 식을 인수분해하시오.

(1) $x^4 + 4x^2 + 16$

(2) $16x^4 + 4x^2y^2 + y^4$

**13**  $(x^2-5x+4)(x^2-5x+6)-24$를 인수분해하시오.

**14**  다음 식을 인수분해하시오.

(1) $x^4-7x^2+12$

(2) $x^4-7x^2+1$

**15**  다음 식을 인수분해하시오.

(1) $x^4-4x^2-16x-16$

(2) $x^3+2x^2-xy^2-2y^2$

**16**  다음을 인수분해하시오.

(1) $x^3+x^2z+xz^2-y^3-y^2z-yz^2$

(2) $2x^2+5xy-3y^2+3x-5y-2$

**17**  $a^2(b-c)+b^2(c-a)+c^2(a-b)$를 인수분해하시오.

**18**  $x^4 + x^3 - 7x^2 - x + 6$을 인수분해하시오.


**19**  $x^4 - 4x^3 + 3x^2 + 2x - 1$을 인수분해하시오.


**20**  $x = \dfrac{1+\sqrt{3}}{2}$, $y = \dfrac{1-\sqrt{3}}{2}$일 때, $x^3 + y^3 - 3x - 3y$의 값을 구하시오.


**21**  다음 식의 값을 구하시오.

(1) $\dfrac{400}{56^2 - 44^2}$

(2) $10^2 - 9^2 + 8^2 - 7^2 + 6^2 - 5^2$


**22**  $a^3 + b^3 + c^3 = 3abc$을 만족하는 삼각형의 모양을 말하시오. (단, $a$, $b$, $c$는 삼각형의 세 변의 길이이다.)

> ▶ 연습문제 B는 앞에서 배운 문제 중 응용단계의 문제이므로 연습장에 스스로
> 풀어보고 잘 풀리지 않으면 처음부터 다시 공부한 후 자신이 있을 때 다시
> 풀어 보도록 하자.

**01**  $32a^2b - 18b$를 인수분해하시오.

**02**  다음 식이 완전제곱식으로 인수분해될 때, $\square$ 안에 들어갈 수의 합을 구하시오.

$$a^2 + 2a + \square \qquad\qquad a^2 - 8a + \square$$

**03**  $x^2 + ax - 12 = (x+b)(x+c)$에서 $a < 0,\ b < 0,\ c > 0$인 정수 $a,\ b,\ c$에 대하여 $a + b + c$의 최댓값을 구하시오.

**04**  $x^4 - 3x^3 + 2x - 6$을 인수분해하시오.

**05**  그림과 같이 밑면이 한 변의 길이가 $a+b$인 정사각형이고 높이가 $a+b+c$인 직육면체 모양의 블럭에 한 변의 길이가 $a$인 정사각형 모양의 구멍을 뚫었을 때의 블럭의 부피를 인수분해하여 나타내시오.

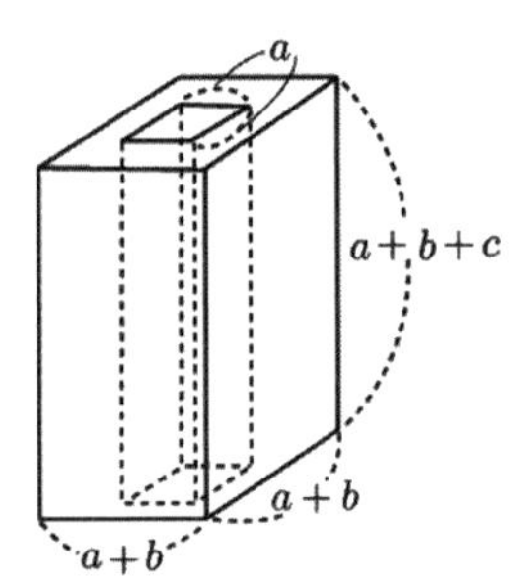

**06** 다음을 인수분해하시오.

(1) $x^2 + \dfrac{1}{x^2} + 2$

(2) $x^2 + y^2 + 4z^2 + 2xy - 4yz - 4zx$

**07** 다음 식을 인수분해하시오.

(1) $3a^2 - 5ab - 2b^2$

(2) $2a^2 - 5ab + 2b^2$

**08** 다음 식을 인수분해하시오.

(1) $64x^3 + 48x^2y + 12xy^2 + y^3$

(2) $8x^3 - 60x^2 + 150x - 125$

**09** $x^6 - y^6$을 인수분해하시오.

**10** $-a^3 + 8b^3 + 30ab + 125$를 인수분해하시오.

**11** $x = \dfrac{\sqrt{7} + \sqrt{3}}{2}$, $y = \dfrac{\sqrt{7} - \sqrt{3}}{2}$ 일 때, $x^4 + x^2y^2 + y^4$의 값을 구하시오.

**12**  $(x-1)^2(x-3)(x+1)-12$를 인수분해하시오.

**13**  다음 식을 인수분해하시오.
(1) $x^4+13x^2+36$     (2) $x^4-15x^2+9$

**14**  다음 식을 인수분해하시오.
(1) $x^2-y^2-z^2-2yz$     (2) $x^3-xy^2-2x^2y+2y^3$

**15**  다음을 인수분해하시오.
(1) $x^3-x^2z+xz^2-2xyz+y^3-y^2z+yz^2$
(2) $x^2+3xy+2y^2-x-3y-2$

**16**  $a^2b(a+b+c)+abc(b+c)+ca^2(a+b+c)$를 인수분해하시오.

**17**  $x^4 - 2x^3 - 13x^2 + 14x + 24$를 인수분해하시오.

**18**  $x^4 + 4x^3 + 7x^2 + 14x - 5$를 인수분해하시오.

**19**  $a = 1 + \sqrt{2}$, $b = 1 - \sqrt{2}$ 일 때, $a^3 - a^2 b + ab^2 - b^3$의 값을 구하시오.

**20**  다음 식의 값을 구하시오.

(1) $\dfrac{2025^3 + 1}{2024 \times 2025 + 1}$        (2) $1^2 - 3^2 + 5^2 - 7^2 + 9^2 - 11^2$

**21**  삼각형의 세 변의 길이 $a$, $b$, $c$에 대하여 $-a(b^2 - c^2) + b(a^2 - c^2) + c(a^2 - b^2) = 0$이 성립할 때, 이 삼각형의 모양을 말하시오.

# MEMO

# Ⅱ 이차방정식

PART 01.  복소수
PART 02.  이차방정식

**P A R T**

# 01

## 복소수

- ◈ 중·고교 연결과정 선수학습
- **1** 복소수의 정의
- **2** 복소수의 연산
- **3** 제곱근의 계산
- ◈ 반복학습 기록란
- ◈ 연습문제 (A)(B)

**명언**

희망을 가져본 적이 없는 자는 절망할 자격도 없다.

- 버나드 쇼 -

## 1  제곱근의 뜻

**[1]** $a$의 제곱근 (단, $a \geq 0$)

➡ 제곱하여 $a$가 되는 수를 $a$의 **제곱근**이라 한다.

➡ $x^2 = a$를 만족시키는 $x$

➡ $x = \pm \sqrt{a} \begin{cases} \sqrt{a} : x의 \ 양의 \ 제곱근 \\ -\sqrt{a} : x의 \ 음의 \ 제곱근 \end{cases}$

> **체크** 0의 제곱근은 0이다.

**[2]** 제곱근 $a$ (단, $a \geq 0$)

➡ root $a$ ➡ $\sqrt{a}$

---

**강의** $\sqrt{A}$ 가 실수일 조건은 $\sqrt{\ }$ 안 $\geq 0$ 이므로 $A \geq 0$ 이어야 한다!

➡ $\sqrt{A}$ 가 실수 → $A \geq 0$

---

### 기|본|예|제 01

$P = \sqrt{3 - 2a - a^2}$ 이 실수가 되기 위한 상수 $a$의 값의 범위를 구하시오.

**탐구** $\sqrt{A}$ 가 실수 → $A \geq 0$

**풀이** $P$가 실수가 되려면 $\sqrt{\ }$ 안 $\geq 0$ 이어야 하므로

$$3 - 2a - a^2 \geq 0 \quad a^2 + 2a - 3 \leq 0 \quad (a+3)(a-1) \leq 0$$

$$\therefore \ -3 \leq a \leq 1$$

**정답** $-3 \leq a \leq 1$

---

**유제 01-1** $Q = \sqrt{a^2 - 2a - 15}$ 가 실수가 아닐 때, 상수 $a$의 값의 범위를 구하시오.

**유제 01-2** $A = -\sqrt{a^2 - 3a - 10}$ 이 실수일 때, 자연수 $a$의 최솟값을 구하시오.

**강의** $a$의 계급근은 계곱하여 $a$가 되는 수이다

① $a$의 제곱근 $\Leftrightarrow x^2 = a \Leftrightarrow x = \pm \sqrt{a} \begin{cases} + \sqrt{a} \to \text{양의 제곱근} \\ - \sqrt{a} \to \text{음의 제곱근} \end{cases}$

② 제곱근 $a \Leftrightarrow$ root $a \Leftrightarrow \sqrt{a}$

---

### 기 | 본 | 예 | 제 02

다음 수의 제곱근을 구하시오.

(1) 10        (2) $\sqrt{100}$        (3) 9        (4) 18

**탐구**   $a$의 제곱근 $x \to x^2 = a \to x = \pm \sqrt{a}$

**풀이**   (1) 10의 제곱근 $x \to x^2 = 10$      $\therefore x = \pm \sqrt{10}$

       (2) $\sqrt{100}$의 제곱근 $x \to x^2 = \sqrt{100} = 10$      $\therefore x = \pm \sqrt{10}$

       (3) 9의 제곱근 $x \to x^2 = 9$    $\therefore x = \pm 3$

       (4) 18의 제곱근 $x \to x^2 = 18$      $\therefore x = \pm \sqrt{18} = \pm 3\sqrt{2}$

**정답**   (1) $\pm \sqrt{10}$    (2) $\pm \sqrt{10}$    (3) $\pm 3$    (4) $\pm 3\sqrt{2}$

---

**유제 02-1**   다음 수의 제곱근을 구하시오.

     (1) $\sqrt{16}$      (2) 25      (3) $\dfrac{9}{4}$      (4) $3^2$

**유제 02-2**   $\sqrt{36}$의 양의 제곱근을 $a$, $\dfrac{25}{9}$의 음의 제곱근을 $b$라 할 때, $ab$의 값을 구하시오.

## 2 제곱근의 계산

(1) $a$가 실수일 때

  ① $(\sqrt{a})^2 = a$    ② $\sqrt{a^2} = |a|$

(2) $a \geq 0,\ b \geq 0$일 때

  ① $\sqrt{a}\,\sqrt{b} = \sqrt{ab}$    ② $\dfrac{\sqrt{a}}{\sqrt{b}} = \sqrt{\dfrac{a}{b}}$ (단, $b \neq 0$)

---

**강의** **중등 과정의 제곱근의 계산은 (근호 안의 수) $\geq 0$일 때만 생각한다!**

(1) $a$가 실수일 때

  ① $(\sqrt{a})^2 = a^2$    ② $\sqrt{a^2} = |a|$

(2) $a \geq 0,\ b \geq 0$일 때

  ① $\sqrt{a}\,\sqrt{b} = \sqrt{ab}$    ② $\dfrac{\sqrt{a}}{\sqrt{b}} = \sqrt{\dfrac{a}{b}}$ $(b \neq 0)$

---

### 기|본|예|제 03

다음을 계산하시오.

$$\sqrt{32} + \sqrt{4}\,\sqrt{9} + \frac{\sqrt{64}}{\sqrt{8}} - (\sqrt{7})^2$$

**탐구** 제곱근의 성질을 이용하여 간단히 한다.

**풀이** (준식) $= 4\sqrt{2} + 6 + 2\sqrt{2} - 7 = 6\sqrt{2} - 1$

**정답** $6\sqrt{2} - 1$

---

**유제 03-1** $\dfrac{2\sqrt{3}}{\sqrt{7}} \times \dfrac{\sqrt{14}}{\sqrt{6}} \div \sqrt{2} - \sqrt{72}$ 를 계산하시오.

**유제 03-2** $\sqrt{(-5)^2} + \sqrt{75} \div \sqrt{3} - \sqrt{2}\left(4\sqrt{8} - \sqrt{\dfrac{1}{2}}\right)$ 을 계산하시오.

### 1 복소수

## [1] 허수의 도입

➡ 제곱하면 양수 또는 0이 되는 실수의 체계에서 제곱하면 음수가 되는 가상적인 수 $i=\sqrt{-1}$ 을 도입하여 복소수의 체계로 수를 확장함으로써 우리의 사고 범위를 넓혀 주었다.

## [2] 허수단위 $i$

➡ 제곱하여 $-1$이 되는 수는 $\pm\sqrt{-1}$ 이다.

여기서, $\sqrt{-1}$ 을 $i$로 즉, $i=\sqrt{-1}$ 로 나타내고 $i$를 **허수단위**라 한다.

➡ $i=\sqrt{-1}$, $i^2=-1$

## [3] 복소수의 체계

(1) $a$, $b$가 실수일 때, $a+bi$의 꼴로 나타내어지는 수를 **복소수**라 하고, 복소수 $a+bi$에서 $a$를 **실수부분**, $b$를 **허수부분**이라 한다.

(2) 실수가 아닌 복소수 $a+bi$를 **허수**라 하고, 실수부분이 0인 허수 $bi$를 **순허수**라 한다.
이때 순허수는 제곱하면 음수가 된다.

$$
\text{복소수}
\begin{cases}
\text{실수}\begin{cases}\text{유리수}\\ \text{무리수}\end{cases}\\
\text{허수}\begin{cases}\text{순허수}\\ \text{순허수가 아닌 허수}\end{cases}
\end{cases}
$$

## [4] 복소수 $a+bi$

(1) 실수일 조건 : $b=0$

(2) 허수일 조건 : $b\neq0$

(3) 순허수일 조건 : $a=0$, $b\neq0$

(4) 순허수가 아닌 허수일 조건 : $a\neq0$, $b\neq0$

---

**체크** 허수의 도입

➡ $(\text{실수})^2\geq0 \rightarrow (\ ?\ )^2<0$

➡ $i=\sqrt{-1} \rightarrow i^2=-1<0$

---

**체크** ① $(\text{실수})^2\geq0$이고, $(\text{순허수})^2<0$이다.

② 실수는 대소·양음을 생각할 수 있지만, 허수는 대소·양음을 생각할 수 없다.

**강의** 복소수 $a+bi$에서 실수부분은 $a$이고, 허수부분은 $b$이다!

→ 복소수  $a + bi$ 꼴의 수

실수부분 허수부분

**주의** 허수부분은 $bi$가 아니라 $b$이다.

## 기|본|예|제 01

다음 복소수의 실수부분과 허수부분을 구하시오.

(1) $2-5i$

(2) $2\sqrt{3}\,i+1$

**탐구** $a+bi$에서 실수부분은 $a$, 허수부분은 $b$이다.

**풀이** (1) $2-5i$에서 실수부분은 2, 허수부분은 $-5$이다.

(2) $1+2\sqrt{3}\,i$에서 실수부분은 1, 허수부분은 $2\sqrt{3}$이다.

**정답** (1) 실수부분 : 2, 허수부분 : $-5$   (2) 실수부분 : 1, 허수부분 : $2\sqrt{3}$

---

**유제 01-1** $3i$의 실수부분과 허수부분을 구하시오.

**유제 01-2** $-7$의 실수부분과 허수부분을 구하시오.

**강의** 복소수는 실수와 허수를 모두 일컫는 말이다!

→ $a+bi$ 꼴의 수 (단, $a$, $b$는 실수, $i=\sqrt{-1}$)

→ 복소수 ┌ 실수 : $\sqrt{3}+0i \rightarrow b=0$
　　　　└ 허수 ┌ 순허수 : $0+\sqrt{3}\,i \rightarrow a=0,\ b\neq 0$
　　　　　　　└ 순허수가 아닌 허수 : $\sqrt{3}+2i \rightarrow a\neq 0,\ b\neq 0$

다음 중 순허수가 아닌 허수인 것을 모두 고르시오.

① $2+3i$　　　② $-3i$　　　③ $0$　　　④ $i-1$　　　⑤ $\sqrt{5}\,i$

**탐구**　복소수 $a+bi$가 순허수가 아닌 허수일 조건 → $a\neq0,\ b\neq0$

**풀이**　① $2+3i$ → $a\neq0,\ b\neq0$이므로 순허수가 아닌 허수이다.

② $0-3i$ → $a=0,\ b\neq0$이므로 순허수이다.

③ $0+0i$ → $a=0,\ b=0$이므로 실수이다.

④ $-1+i$ → $a\neq0,\ b\neq0$이므로 순허수가 아닌 허수이다.

⑤ $0+\sqrt{5}\,i$ → $a=0,\ b\neq0$이므로 순허수이다.

따라서 순허수가 아닌 허수는 ①, ④이다.

**정답**　①, ④

---

**유제 02-1**　다음 중 순허수인 것을 모두 고르시오.

① $\sqrt{9}\,i$　　　　② $3-i$　　　　③ $-i^2$

④ $1$　　　　⑤ $2i$

**유제 02-2**　다음 중 허수의 개수를 구하시오.

$$7,\qquad -2i^2+2,\qquad 6i,\qquad \sqrt{2}\,i^2,\qquad 1-2i,\qquad 5-i$$



복소수 $z=(1+i)x^2+x-(2+i)$가 0이 아닌 실수일 때, 실수 $x$의 값을 구하시오.

**탐구**　$a+bi$가 0이 아닌 실수가 될 조건 → $a\neq0,\ b=0$

**풀이**　$z=(x^2+x-2)+(x^2-1)i$에서

$z$가 0이 아닌 실수이려면 (실수부분)$\neq0$, (허수부분)$=0$

$x^2+x-2\neq0$　$(x+2)(x-1)\neq0$　$\therefore\ x\neq-2$ 그리고 $x\neq1$　　$\cdots\cdots$ ①

$x^2-1=0$　$(x-1)(x+1)=0$　$\therefore\ x=1$ 또는 $x=-1$　　$\cdots\cdots$ ②

①과 ②에 의하여 $x=-1$

**정답**　$-1$

 $(i-1)x^2+2ix$가 0이 아닌 실수일 때, 실수 $x$의 값을 구하시오.


 $(1+i)x^2-(3-2i)x+2-3i$가 실수일 때, 실수 $x$의 값을 구하시오.


## 기 | 본 | 예 | 제 **04**

**복소수 $z=(i-1)x^2+(4-5i)x-3+bi$가 순허수일 때, 실수 $x$의 값을 구하시오.**

**탐구** $a+bi$가 순허수일 조건 $\rightarrow$ $a=0$, $b\neq0$

**풀이** $z=-(x^2-4x+3)+(x^2-5x+6)i$에서

$z$가 순허수이려면 (실수부분)$=0$, (허수부분)$\neq0$

$\quad x^2-4x+3=0$ $\quad (x-1)(x-3)=0$ $\quad \therefore$ $x=1$ 또는 $x=3$ $\quad\cdots$①

$\quad x^2-5x+6\neq0$ $\quad (x-2)(x-3)\neq0$ $\quad \therefore$ $x\neq2$ 그리고 $x\neq3$ $\cdots$②

①과 ②에 의하여 $x=1$

**정답** 1


 $(1+i)x^2-3x+2-4i$가 순허수일 때, 실수 $x$의 값을 구하시오.


 $z=(1+i)x^2-x-i$에 대하여 $z^2$이 실수가 되게 하는 실수 $x$의 값을 모두 구하시오.

→ 복소수 $z$의 허수부분의 부호를 바꾸어 만들어지는 복소수 $\bar{z}$를 **켤레복소수**라 한다.

→ $z = a + bi$ ← 켤레복소수 → $\bar{z} = a - bi$

---

**강의  켤레복소수는 $i$ 앞의 부호를 바꾼 것이다!**

→ $z = a + bi$  
$\bar{z} = a - bi$  $\Big\rangle$ 켤레복소수

→ $i$ 앞의 부호를 바꾼다!

① $z = \sqrt{3} + 0i$ (실수) → $\bar{z} = \sqrt{3} - 0i = z$

② $z = 0 + \sqrt{3}\,i$ (순허수) → $\bar{z} = 0 - \sqrt{3}\,i = -z$

③ $z = \sqrt{3} + 2i$ (순허수가 아닌 허수) → $\bar{z} = \sqrt{3} - 2i$

---

**기|본|예|제 05**

다음 각 복소수의 켤레복소수를 구하시오.

(1) $4 - 2i$  (2) $5i + 1$  (3) $-7i$  (4) $3$

**탐구**  $a + bi$의 켤레복소수는 $a - bi$이다.

**풀이**  (1) $4 - 2i$의 켤레복소수 → $4 + 2i$

(2) $1 + 5i$의 켤레복소수 → $1 - 5i$

(3) $0 - 7i$의 켤레복소수 → $7i$

(4) $3 + 0i$의 켤레복소수 → $3$

**정답**  (1) $4 + 2i$  (2) $1 - 5i$  (3) $7i$  (4) $3$

---

**유제 05-1**  다음 각 복소수의 켤레복소수를 구하시오. (단, $\bar{z}$는 $z$의 켤레복소수)

(1) $\overline{\sqrt{2} - 5i}$  (2) $i$  (3) $-\sqrt{3}$  (4) $\sqrt{5}\,i - 3$

**유제 05-2**  복소수 $z$의 켤레복소수를 $\bar{z}$라 할 때, 다음 각 복소수의 켤레복소수를 구하시오.

(1) $3i - \sqrt{2}$  (2) $-\sqrt{5}\,i$  (3) $\overline{-\sqrt{5} - \sqrt{3}\,i}$  (4) $-6$

# 02 복소수의 연산

 **복소수의 덧셈과 뺄셈과 곱셈**

## [1] 복소수의 덧셈과 뺄셈과 곱셈

→ $a$, $b$, $c$, $d$를 실수라 할 때 $i$를 문자처럼 취급하여 계산한 후, 실수부분과 허수부분으로 분리하여 정리한다.

(1) 덧셈 : $(a+bi)+(c+di)=(a+c)+(b+d)i$

(2) 뺄셈 : $(a+bi)-(c+di)=(a-c)+(b-d)i$

(3) 곱셈 : $(a+bi)\times(c+di)=(ac-bd)+(ad+bc)i$

## [2] 복소수의 덧셈과 곱셈에 대한 성질

→ 복소수 $z_1$, $z_2$, $z_3$, $z_4$에 대하여 다음 연산법칙이 성립한다.

(1) 교환법칙

    ① $z_1+z_2=z_2+z_1$

    ② $z_1 z_2=z_2 z_1$

(2) 결합법칙

    ① $z_1+(z_2+z_3)=(z_1+z_2)+z_3$

    ② $z_1(z_2 z_3)=(z_1 z_2)z_3$

(3) 분배법칙

    ① $z_1(z_2+z_3)=z_1 z_2+z_1 z_3$

    ② $(z_1+z_2)(z_3+z_4)=z_1 z_3+z_1 z_4+z_2 z_3+z_2 z_4$

---

**강의** 복소수의 덧셈과 뺄셈과 곱셈은 $i$를 문자처럼 취급하여 실수 체계와 동일하게 계산한다!

→ 첫째 – $i$를 문자처럼 취급하여 계산한다!

→ 둘째 – $i^2=-1$을 활용한다!

→ 셋째 – $(\quad)+(\quad)i$ 꼴로 정리한다!

**주의** 복소수의 합과 곱

→ 실수 체계와 동일하다!

→ 교환, 결합, 분배법칙이 성립한다!

다음을 계산하시오.

**(1)** $(2+3i)+(2-i)$ **(2)** $(6-3i)-(4-2i)$ **(3)** $(2+i)(1-2i)$

**탐구** ① $i$를 문자처럼 취급하여 계산한다.

② $i^2=-1$을 활용한다.

**풀이** (1) (준식)$=(2+2)+(3-1)i=4+2i$

(2) (준식)$=(6-4)+(-3+2)i=2-i$

(3) (준식)$=2-4i+i-2i^2=(2+2)+(-4+1)i=4-3i$

**정답** (1) $4+2i$ (2) $2-i$ (3) $4-3i$

---

**유제 06-1** 다음을 계산하시오.

(1) $(3-i)+(1+2i)$ (2) $(3+2i)-(-1-i)$ (3) $(3+i)(2-3i)$

**유제 06-2** $(2-3i)(2+3i)-(3-i)(3+i)$를 간단히 하시오.

---

**강의** $i,\ \sqrt{\ \ }$ 가 있을 때, $(a\pm b)^2=a^2+b^2\pm 2ab$를 이용한다!

① $(a\pm b)^2=a^2+b^2\pm 2ab$

② $(a\pm bi)^2=a^2-b^2\pm 2abi$

③ $(\sqrt{a}\pm\sqrt{b})^2=a^2+b^2\pm 2\sqrt{ab}$



다음을 계산하시오.

**(1)** $(2+3i)^2$ **(2)** $(2-3i)^2$

**탐구** $(a\pm bi)^2=a^2-b^2\pm 2abi$

**풀이** (1) (준식)$=2^2+(3i)^2+12i=4-9+12i=-5+12i$

(2) (준식)$=2^2+(3i)^2-12i=4-9-12i=-5-12i$

**정답** (1) $-5+12i$ (2) $-5-12i$

**유제 07-1**    $(-1+\sqrt{3}\,i)^2$을 계산하시오.

**유제 07-2**    $(1-2i)^2+(1+2i)^2$을 계산하시오.

---

**강의** $x=a+bi$ 꼴일 때 $a$를 이항한 후 양변을 제곱하여 이차식$=0$을 만들고 식의 값을 구한다!

첫째, $a$를 이항 $\rightarrow$ $x-a=bi$

둘째, 양변 제곱 $\rightarrow$ (이차식)$=0$

셋째, 식을 변형 $\rightarrow$ 나머지 $r$ $\rightarrow$ 답

**주의** 준식이 고차식일 때는 이차식으로 나눈 나머지가 답이다!

---

## 기|본|예|제 08

$x=1-\sqrt{2}\,i$일 때, $2x^2-4x+5$의 값을 구하시오.

**탐구**    $x=a+bi$ $\rightarrow$ 이항하여 양변 제곱 $\rightarrow$ (2차식)$=0$

**풀이**    $x=1-\sqrt{2}\,i$에서 $x-1=-\sqrt{2}\,i$의 양변을 제곱하여 정리하면

$$x^2-2x+1=-2$$

$$\therefore\ x^2-2x+3=0$$

준식을 변형하여 값을 구하면

$$(준식)=2(x^2-2x+3)-1=2\times0-1=-1$$

**정답**    $-1$

---

**유제 08-1**    $x=-1+\sqrt{3}\,i$일 때, $2x^3+4x^2+8x+3$의 값을 구하시오.

**유제 08-2**    $x=\dfrac{3-i}{2}$일 때, $2x^4-6x^3-7x^2+8x+2$의 값을 구하시오.

→ $\alpha = a+bi$, $\beta = c+di$ 이고 $\overline{\alpha}$, $\overline{\beta}$는 각각 $\alpha$, $\beta$의 켤레복소수일 때

(1) $\alpha$의 켤레복소수의 켤레복소수는 $\alpha$이다. → $\overline{(\overline{\alpha})} = \alpha$

(2) $\alpha$, $\beta$의 합, 차, 곱, 몫의 켤레복소수는 $\overline{\alpha}$, $\overline{\beta}$의 합, 차, 곱, 몫과 같다.

  ① $\overline{\alpha+\beta} = \overline{\alpha} + \overline{\beta}$          ② $\overline{\alpha-\beta} = \overline{\alpha} - \overline{\beta}$

  ③ $\overline{\alpha\beta} = \overline{\alpha}\,\overline{\beta}$          ④ $\overline{\left(\dfrac{\beta}{\alpha}\right)} = \dfrac{\overline{\beta}}{\overline{\alpha}}$   (단, $\alpha \neq 0$)

(3) $\alpha$가 실수이면 $\overline{\alpha} = \alpha$이고, $\alpha$가 순허수이면 $\overline{\alpha} = -\alpha$이다.

  ① $\alpha = a \ \rightleftarrows \ \overline{\alpha} = a$

  ② $\alpha = bi \ \rightleftarrows \ \overline{\alpha} = -bi$

(4) 켤레복소수의 합과 곱은 실수가 된다.

  ① 합 : $(a+bi)+(a-bi) = 2a$(실수)

  ② 곱 : $(a+bi)(a-bi) = a^2+b^2$(실수)

---

**강의** **켤레복소수의 합과 곱은 $i$가 없어지고 실수만 남는다!**

→ **켤레복소수의 합과 곱은 실수가 된다!**

  ① 합 $z + \overline{z} = (a+bi) + (a-bi) = 2a$(실수)

  ② 곱 $z\overline{z} = (a+bi)(a-bi) = a^2+b^2$(실수)

**주의** 합과 차의 곱셈공식의 확장

  ① $(a+b)(a-b) = a^2-b^2$

  ② $(a+bi)(a-bi) = a^2+b^2$

  ③ $(\sqrt{a}+\sqrt{b})(\sqrt{a}-\sqrt{b}) = a-b$

---

## 기 | 본 | 예 | 제 **09**

$z = \dfrac{1-\sqrt{3}\,i}{2}$ 일 때, $z^2 + \overline{z}^2 - \dfrac{1}{z} - \dfrac{1}{\overline{z}}$의 값을 구하시오.

**탐구** 대칭식이므로 $z + \overline{z}$와 $z\overline{z}$를 구하여 대입한다.

**풀이** $z = \dfrac{1-\sqrt{3}\,i}{2}$, $\overline{z} = \dfrac{1+\sqrt{3}\,i}{2}$ 이므로 $z + \overline{z} = 1$, $z\overline{z} = 1$

(준식) $= (z+\overline{z})^2 - 2z\overline{z} - \left(\dfrac{1}{z} + \dfrac{1}{\overline{z}}\right) = (z+\overline{z})^2 - 2z\overline{z} - \dfrac{z+\overline{z}}{z\overline{z}} = 1^2 - 2\times 1 - \dfrac{1}{1} = -2$

**정답** $-2$

---

**유제 09-1** $z=1-\sqrt{2}\,i$일 때, $\dfrac{\bar{z}}{z^2}+\dfrac{z}{\bar{z}^2}$의 값을 구하시오. (단, $\bar{z}$는 $z$의 켤레복소수)

**유제 09-2** $z=2-\sqrt{3}\,i$일 때, $\dfrac{\bar{z}-1}{z}+\dfrac{z-1}{\bar{z}}$의 값을 구하시오. (단, $\bar{z}$는 $z$의 켤레복소수)

**유제 09-3** $z=1-2i$일 때, $z^3-2z^2-2\bar{z}^2+\bar{z}^3$의 값을 구하시오. (단, $\bar{z}$는 $z$의 켤레복소수)

## 기|본|예|제 **10**

$\alpha=-2+i$, $\beta=1-2i$일 때, $\alpha\bar{\alpha}+\bar{\alpha}\beta+\alpha\bar{\beta}+\beta\bar{\beta}$의 값을 구하시오.

(단, $\bar{\alpha}$, $\bar{\beta}$는 각각 $\alpha$, $\beta$의 켤레복소수)

**탐구** $\overline{\alpha\pm\beta}=\bar{\alpha}\pm\bar{\beta}$, $\overline{\alpha\beta}=\bar{\alpha}\bar{\beta}$

**풀이** $\alpha+\beta$와 $\overline{\alpha+\beta}$를 구하면

$$\alpha+\beta=-2+i+1-2i=-1-i \qquad \cdots ①$$
$$\overline{\alpha+\beta}=\overline{-1-i}=-1+i \qquad \cdots ②$$

준식을 인수분해하여 정리하면

$$(준식)=\alpha(\bar{\alpha}+\bar{\beta})+\beta(\bar{\alpha}+\bar{\beta})$$
$$=(\alpha+\beta)(\bar{\alpha}+\bar{\beta})=(\alpha+\beta)\overline{(\alpha+\beta)} \qquad \cdots ③$$

①, ②를 ③에 대입하여 준식의 값을 구하면

$$(준식)=(-1-i)(-1+i)=(-1)^2-i^2=1+1=2$$

**정답** $2$

**유제 10-1**    $\alpha+\beta=3-i$일 때, $\overline{\alpha}^2+2\overline{\alpha\beta}+\overline{\beta}^2$의 값을 구하시오.

(단, $\overline{\alpha}$, $\overline{\beta}$는 각각 $\alpha$, $\beta$의 켤레복소수)

**유제 10-2**    $\alpha+\beta=3-2i$, $\alpha\beta=5+2i$일 때, $\overline{\alpha}^2+\overline{\beta}^2$을 구하시오.

(단, $\overline{\alpha}$, $\overline{\beta}$는 각각 $\alpha$, $\beta$의 켤레복소수)

**유제 10-3**    $\alpha=1+2i$, $\beta=-2-i$일 때, $\overline{\alpha}^3+\overline{\beta}^3$을 구하시오.

(단, $\overline{\alpha}$, $\overline{\beta}$는 각각 $\alpha$, $\beta$의 켤레복소수)

---

## 기 | 본 | 예 | 제 11

$a=1-i$, $b=1+i$일 때, $\dfrac{b}{a}+\dfrac{a}{b}$의 값을 구하시오.

**탐구**    준식이 대칭식이므로 켤레복소수인 두 수를 이용하여 $a+b$와 $ab$를 구해 계산한다.

**풀이**

$$(\text{준식})=\frac{a^2+b^2}{ab}=\frac{(a+b)^2-2ab}{ab} \qquad \cdots ①$$

$$a+b=2, \quad ab=2 \qquad \cdots ②$$

$$② \to ① \; ; \; (\text{준식})=\frac{4-4}{2}=0$$

**정답**    0

---

**유제 11-1**    $\alpha=2-i$, $\beta=2+i$일 때, $\dfrac{1}{\alpha}+\dfrac{1}{\beta}$의 값을 구하시오.

**유제 11-2**    $x=2+2i$, $y=2-2i$일 때, $\dfrac{1}{x^2}+\dfrac{1}{xy}+\dfrac{1}{y^2}$의 값을 구하시오.

→ 분모의 켤레복소수를 분모, 분자에 곱하여 분모를 실수화하는 것이다.

(1) $\dfrac{c}{a+bi}=\dfrac{c(a-bi)}{a^2+b^2}=\dfrac{ac-bci}{a^2+b^2}$

(2) $\dfrac{a-bi}{a+bi}=\dfrac{(a-bi)^2}{a^2+b^2}=\dfrac{a^2-b^2-2abi}{a^2+b^2}$

(3) $\dfrac{a+bi}{a-bi}=\dfrac{(a+bi)^2}{a^2+b^2}=\dfrac{a^2-b^2+2abi}{a^2+b^2}$

(4) $\dfrac{c+di}{a+bi}=\dfrac{(c+di)(a-bi)}{a^2+b^2}=\dfrac{ac+bd+(ad-bc)i}{a^2+b^2}$

---

**특강** $\dfrac{c+di}{a+bi}$ 의 계산과정

$$\dfrac{c+di}{a+bi}=\dfrac{(c+di)(a-bi)}{(a+bi)(a-bi)}=\dfrac{ac-bdi^2+adi-bci}{a^2+b^2}=\dfrac{ac+bd+(ad-bc)i}{a^2+b^2}$$

---

**강의** 복소수의 나눗셈은 분모, 분자에 분모의 켤레복소수를 곱하여 실수화하는 것이다!

→ 분모를 실수화하는 것이다!

→ $\dfrac{c+di}{a+bi}=\dfrac{(c+di)(a-bi)}{(a+bi)(a-bi)}=\dfrac{(ac+bd)+(ad-bc)i}{a^2+b^2}$

① $\dfrac{a-bi}{a+bi}=\dfrac{(a-bi)^2}{a^2+b^2}=\dfrac{(a^2-b^2)-2abi}{a^2+b^2}$

② $\dfrac{a+bi}{a-bi}=\dfrac{(a+bi)^2}{a^2+b^2}=\dfrac{(a^2-b^2)+2abi}{a^2+b^2}$

---

기 | 본 | 예 | 제 **12**

$\dfrac{2+3i}{4+5i}$ 를 계산하시오.

**탐구** 복소수의 나눗셈 → 분모의 실수화

**풀이** $\dfrac{2+3i}{4+5i}=\dfrac{(2+3i)(4-5i)}{4^2+5^2}=\dfrac{(8+15)+(-10+12)i}{41}=\dfrac{23+2i}{41}$

**정답** $\dfrac{23+2i}{41}$

 다음을 계산하시오.

(1) $\dfrac{1}{1-2i}$
(2) $\dfrac{3+2i}{2-i}$


 다음을 계산하시오.

(1) $\dfrac{5}{\sqrt{2}+\sqrt{3}\,i}$
(2) $\dfrac{3+4i}{1+2i}$


## 기|본|예|제 13

다음을 계산하시오.

(1) $\dfrac{2-3i}{2+3i}$
(2) $\dfrac{2+3i}{2-3i}$

**탐구**  복소수의 나눗셈 → 분모의 실수화

**풀이**

(1) $\dfrac{2-3i}{2+3i}=\dfrac{(2-3i)^2}{2^2+3^2}=\dfrac{(4-9)-2\times2\times3i}{13}=\dfrac{-5-12i}{13}$

(2) $\dfrac{2+3i}{2-3i}=\dfrac{(2+3i)^2}{2^2+3^2}=\dfrac{(4-9)+2\times2\times3i}{13}=\dfrac{-5+12i}{13}$

**정답**  (1) $\dfrac{-5-12i}{13}$  (2) $\dfrac{-5+12i}{13}$


 다음을 계산하시오.

(1) $\dfrac{3+2i}{3-2i}$
(2) $\dfrac{\sqrt{2}+\sqrt{3}\,i}{\sqrt{2}-\sqrt{3}\,i}$


 다음을 계산하시오.

$$\dfrac{1+2i}{1-2i}+\dfrac{2-i}{2+i}$$

첫째, 실수부분과 허수부분으로 정리한다.

둘째, 실수부분끼리, 허수부분끼리 같음을 이용한다.

→ $a$, $b$, $c$, $d$가 실수일 때

(1) $a+bi=0 \Leftrightarrow a=0,\ b=0$

(2) $a+bi=c+di \Leftrightarrow a=c,\ b=d$

---

**강의**  $i$가 보이고 실수 조건이 있으면 복소수가 같은 조건을 이용한다. (100%)

① $a+bi=c+di$

② $a+bi=0+0i$

→ $i$+실수 : 복소수가 서로 같을 조건 이용(100%)

---

**기|본|예|제 14**

등식 $(a+i)(2+3i)=3+bi$를 만족하는 실수 $a$, $b$에 대하여 $a+b$의 값을 구하시오.

**탐구**
① 문제에서 $i$가 보이고 실수 조건이 있으면 $100\%$ 복소수가 서로 같을 조건을 이용한다!

$\Rightarrow (\quad)+(\quad)i$꼴로 정리

② 문제에서 $\sqrt{\phantom{m}}$가 보이고 유리수 조건이 있으면 $100\%$ 무리수가 서로 같을 조건을 이용한다!

$\Rightarrow (\quad)+(\quad)\sqrt{m}$꼴로 정리

**풀이**  주어진 등식의 좌변을 전개하여 실수부분과 허수부분으로 정리하면

$$(2a-3)+(2+3a)i=3+bi$$

복소수가 서로 같을 조건을 이용하면

$$2a-3=3,\ 2+3a=b \quad \therefore\ a=3,\ b=11$$

$$\therefore\ a+b=14$$

**정답**  14

---

**유제 14-1**  실수 $a$, $b$에 대하여 등식 $(a+2i)(3+4i)+5(1-bi)=0$이 되는 $ab$의 값을 구하시오.

**유제 14-2**  실수 $x$, $y$에 대하여 $\dfrac{x}{1+i}+\dfrac{y}{1-i}=2-i$가 성립할 때, $2x+y$의 값을 구하시오.

복소수 $z$와 그 켤레복소수 $\bar{z}$에 대하여 등식 $(1+i)z+2i\bar{z}=1+7i$가 성립할 때, 복소수 $z$를 구하시오.

**탐구**   $z=a+bi$, $\bar{z}=a-bi$라 놓고 복소수가 서로 같을 조건을 이용한다.

**풀이**   $z=a+bi$, $\bar{z}=a-bi$라 놓고 등식에 대입하여 정리하면

$$(1+i)(a+bi)+2i(a-bi)=1+7i$$
$$(a-b)+(a+b)i+2b+2ai=1+7i$$
$$(a+b)+(3a+b)i=1+7i$$

복소수가 서로 같을 조건을 이용하면

$$a+b=1, \quad 3a+b=7$$

두 식을 연립하여 $a$, $b$를 구하면

$$a=3,\ b=-2$$
$$\therefore\ z=3-2i$$

**정답**   $3-2i$

---

**유제 15-1**   복소수 $z$와 그 켤레복소수 $\bar{z}$에 대하여 $z+\bar{z}=2$이고 $z\bar{z}=10$을 만족하는 복소수 $z$를 모두 구하시오.

**유제 15-2**   복소수 $z$와 그 켤레복소수 $\bar{z}$에 대하여 $z+\bar{z}=4$이고, $iz-i\bar{z}=6$일 때, 복소수 $z$를 구하시오.

**유제 15-3**   복소수 $z$와 그 켤레복소수 $\bar{z}$에 대하여 등식 $i\bar{z}+(1+i)z=2+5i$가 성립할 때, $z\bar{z}$의 값을 구하시오.

## 1 허수단위 $i$의 4주기 변화

→ $n$이 음이 아닌 정수일 때

(1) $i^{4n+0}=i^0=1$

(2) $i^{4n+1}=i^1=i$

(3) $i^{4n+2}=i^2=-1$

(4) $i^{4n+3}=i^3=-i$

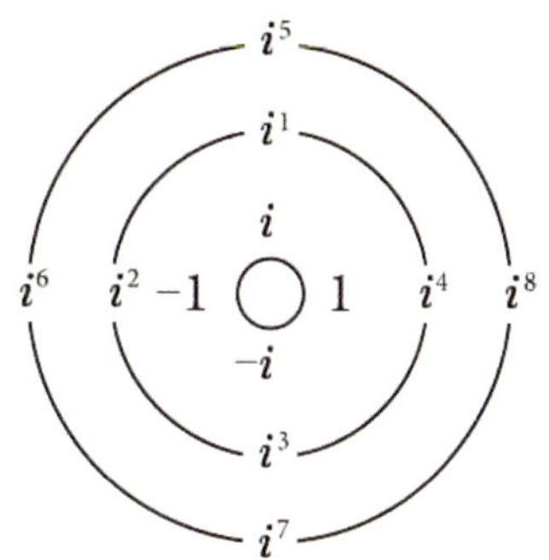

**강의** $i$의 거듭제곱은 $i$가 4주기 변화하므로 지수를 4로 나눈 나머지를 이용한다!

→ 지수 $\div 4 \rightarrow$ 나머지 $r$

→ $i^{4n+r}=i^r$

**보기** $i^{2023}=i^{4\times 505+3}=i^3=-i$

**주의** $i$는 4주기 변화하므로 지수가 연속된 4개의 항의 합은 0이다.

### 기|본|예|제 16

다음을 간단히 하시오.

(1) $i+i^2+i^3+i^4+i^5+i^6+i^7+i^8$

(2) $i^{1012}\times i^{1013}$

**탐구** ① $i^{4n+r}=i^r$  ② $i+i^2+i^3+i^4=0$

**풀이** (1) (준식)$=(i+i^2+i^3+i^4)+i^4(i+i^2+i^3+i^4)=0$

(2) (준식)$=i^{1012+1013}=i^{2025}=i^{4\times 506+1}=i$

**정답** (1) 0  (2) $i$

---

**유제 16-1** $i^{2023}+i^{2024}+i^{2025}+i^{2026}+i^{2027}$을 간단히 하시오.

**유제 16-2** $\dfrac{1}{i}+\dfrac{1}{i^2}+\dfrac{1}{i^3}+\cdots+\dfrac{1}{i^{99}}$을 간단히 하시오.

다음을 계산하시오.

(1) $\dfrac{1+i}{1-i}$

(2) $\left(\dfrac{1+i}{1-i}\right)^{2025}$

**탐구** $\left(\dfrac{1+i}{1-i}\right)^{2025}$ → $\dfrac{1+i}{1-i}$ 를 분모 실수화 → $i$의 4주기 변화 이용!

**풀이** (1) (준식) $= \dfrac{(1+i)^2}{(1-i)(1+i)} = \dfrac{1-1+2i}{1-(-1)} = \dfrac{2i}{2} = i$

(2) (준식) $= i^{2025} = i^{4\times506+1} = i$

**정답** (1) $i$ (2) $i$

**유제 17-1** $\left(\dfrac{1-i}{1+i}\right)^{2025}$ 의 값을 구하시오.

**유제 17-2** $\left(\dfrac{1-i}{1+i}\right)^{98} + \left(\dfrac{1+i}{1-i}\right)^{100}$ 의 값을 구하시오.



자연수 $n$에 대하여 $\left(\dfrac{\sqrt{2}}{1+i}\right)^n = 1$을 만족하는 $n$의 최솟값을 구하시오.

**탐구** $\left(\dfrac{\sqrt{2}}{1+i}\right)^n$ → $\left(\dfrac{\sqrt{2}}{1+i}\right)^2 = -i$

**풀이** 지수를 모르므로 밑을 제곱하여 간단히 하면

$$\left(\dfrac{\sqrt{2}}{1+i}\right)^2 = \dfrac{2}{2i} = \dfrac{1}{i} = -i \qquad \left(\dfrac{\sqrt{2}}{1+i}\right)^4 = (-i)^2 = -1 \qquad \left(\dfrac{\sqrt{2}}{1+i}\right)^8 = (-1)^2 = 1$$

따라서 조건을 만족하는 $n$의 최솟값은 8이다.

**정답** 8

**유제 18-1** 자연수 $n$에 대하여 $\left(\dfrac{1-i}{\sqrt{2}}\right)^n = 1$을 만족하는 자연수 $n$의 최솟값을 구하시오.

**유제 18-2** $\left(\dfrac{\sqrt{2}}{1-i}\right)^n = 1$을 만족하는 10 이상의 자연수 $n$의 최솟값을 구하시오.

→ $a > 0$일 때

**[1] 제곱근 $-a$**

→ $\sqrt{-a} = \sqrt{a}\,i$

**[2] $-a$의 제곱근**

→ $\pm\sqrt{a}\,i$

---

**강의** 음수의 제곱근은 제곱하여 음수가 되는 수를 의미한다!

→ $a > 0$일 때

① 제곱근 $-a$ → $\sqrt{-a} = \sqrt{a}\,i$

② $-a$의 제곱근 → $x^2 = -a$ → $x = \pm\sqrt{a}\,i$

---

**기 | 본 | 예 | 제 19**

다음을 허수단위 $i$를 사용하여 나타내시오.

(1) $\sqrt{-16}$  (2) $-\sqrt{-8}$  (3) $3\sqrt{-2}$

**탐구** $a > 0$일 때, $\sqrt{-a} = \sqrt{a}\,i$

**풀이** 허수단위 $i$를 사용하여 나타내면

(1) $\sqrt{-16} = \sqrt{16}\,i = 4i$

(2) $-\sqrt{-8} = -\sqrt{8}\,i = -2\sqrt{2}\,i$

(3) $3\sqrt{-2} = 3\sqrt{2}\,i$

**정답** (1) $4i$  (2) $-2\sqrt{2}\,i$  (3) $3\sqrt{2}\,i$

---

**유제 19-1** $-4$의 제곱근을 허수단위 $i$를 사용하여 나타내시오.

**유제 19-2** 다음에서 $x+y$의 값을 구하시오.

$$x : \text{제곱근} -8, \ y : -32\text{의 음의 제곱근}$$

[1] $a\sqrt{b}$ 와 $\sqrt{a^2 b}$

  (1) $a \geq 0$일 때

    ① $\sqrt{a^2 b} = a\sqrt{b}$ ($a^2$을 $\sqrt{\phantom{x}}$ 밖으로)

    ② $a\sqrt{b} = \sqrt{a^2 b}$ ($a$를 $\sqrt{\phantom{x}}$ 안으로)

  (2) $a \leq 0$일 때

    ① $\sqrt{a^2 b} = -a\sqrt{b}$ ($a^2$을 $\sqrt{\phantom{x}}$ 밖으로)

    ② $a\sqrt{b} = -\sqrt{a^2 b}$ ($a$를 $\sqrt{\phantom{x}}$ 안으로)

[2] $\sqrt{a}\,\sqrt{b}$ 와 $\sqrt{ab}$

  (1) $a \geq 0,\ b \geq 0$일 때 $\sqrt{a}\,\sqrt{b} = \sqrt{ab}$     (2) $a \leq 0,\ b \leq 0$일 때 $\sqrt{a}\,\sqrt{b} = -\sqrt{ab}$

  (3) $a \geq 0,\ b \leq 0$일 때 $\sqrt{a}\,\sqrt{b} = \sqrt{ab}$     (4) $a \leq 0,\ b \geq 0$일 때 $\sqrt{a}\,\sqrt{b} = \sqrt{ab}$

[3] $\dfrac{\sqrt{a}}{\sqrt{b}}$ 와 $\sqrt{\dfrac{a}{b}}$

  (1) $a \geq 0,\ b > 0$일 때 $\dfrac{\sqrt{a}}{\sqrt{b}} = \sqrt{\dfrac{a}{b}}$     (2) $a \leq 0,\ b < 0$일 때 $\dfrac{\sqrt{a}}{\sqrt{b}} = \sqrt{\dfrac{a}{b}}$

  (3) $a \geq 0,\ b < 0$일 때 $\dfrac{\sqrt{a}}{\sqrt{b}} = -\sqrt{\dfrac{a}{b}}$     (4) $a \leq 0,\ b > 0$일 때 $\dfrac{\sqrt{a}}{\sqrt{b}} = \sqrt{\dfrac{a}{b}}$

---

**강의** $\sqrt{a^2 b}$ 와 $a\sqrt{b}$ 는 $a \leq 0$일 때만 $-$ 를 붙인다!

  ➡ $a \leq 0$일 때만 $\sqrt{a^2 b} = -a\sqrt{b}$

  ➡ 나머지 경우 $\rightarrow$ $\sqrt{a^2 b} = a\sqrt{b}$

---

**강의** $\sqrt{a}\,\sqrt{b}$ 와 $\sqrt{ab}$ 는 둘 다 음수일 때만 $-$ 를 붙인다!

  ➡ $a \leq 0,\ b \leq 0$일 때만 $\sqrt{a}\,\sqrt{b} = -\sqrt{ab}$

  ➡ 나머지 경우 $\rightarrow$ $\sqrt{a}\,\sqrt{b} = \sqrt{ab}$

  **주의** 둘 다 음수일 때만 $-$ 를 붙인다. (0일 때 주의!)

**기 | 본 | 예 | 제 20**

다음을 계산하시오.

(1) $\sqrt{-2}\,\sqrt{8} + \sqrt{-2}\,\sqrt{-8} + \dfrac{\sqrt{-8}}{\sqrt{-2}} + \dfrac{\sqrt{8}}{\sqrt{-2}}$

(2) $\dfrac{\sqrt{12}}{\sqrt{-3}} + \sqrt{4} \times \sqrt{-9} + \dfrac{\sqrt{-8}}{\sqrt{2}}$

(3) $(\sqrt{-3})^2 + \sqrt{-3} \times \sqrt{-27} + \dfrac{\sqrt{-27}}{\sqrt{3}}$

**탐구** $\sqrt{-a} = \sqrt{a}\,i$로 바꾸어 계산한다.

**풀이** (1) (준식) $= \sqrt{2}\,i \times 2\sqrt{2} + \sqrt{2}\,i \times 2\sqrt{2}\,i + \dfrac{2\sqrt{2}\,i}{\sqrt{2}\,i} + \dfrac{2\sqrt{2}}{\sqrt{2}\,i}$

$\qquad = 4i - 4 + 2 + \dfrac{2}{i}$

$\qquad = 4i - 2 - 2i$

$\qquad = -2 + 2i$

(2) (준식) $= \dfrac{\sqrt{12}\,i}{\sqrt{3}\,i} + \sqrt{4} \times \sqrt{9}\,i + \dfrac{\sqrt{8}\,i}{\sqrt{2}}$

$\qquad = \sqrt{4} + 2 \times 3i + \sqrt{4}\,i$

$\qquad = 2 + 6i + 2i$

$\qquad = 2 + 8i$

(3) (준식) $= (\sqrt{3}\,i)^2 + \sqrt{3}\,i \times \sqrt{27}\,i + \dfrac{\sqrt{27}\,i}{\sqrt{3}}$

$\qquad = -3 - 9 + 3i$

$\qquad = -12 + 3i$

**정답** (1) $-2 + 2i$ (2) $2 + 8i$ (3) $-12 + 3i$

$\sqrt{-4}\,\sqrt{-9}+\dfrac{\sqrt{12}}{\sqrt{-2}}+\sqrt{2}\,\sqrt{-3}$ 을 계산하시오.



$\sqrt{-3}\,\sqrt{9}+\sqrt{-2}\,\sqrt{-3}-\sqrt{6}\,\sqrt{-8}+\dfrac{\sqrt{-18}}{\sqrt{-3}}$ 을 계산하시오.

## 기 | 본 | 예 | 제 **21**

$a,\ b$는 실수이고 $\dfrac{\sqrt{a}}{\sqrt{b}}=-\sqrt{\dfrac{a}{b}}$ 일 때, $\sqrt{(a-b)^2}-\sqrt{b^2}+|a|$ 의 값을 구하시오.

**탐구** 조건식으로부터 $a,\ b$의 부호를 결정하고 계산한다.

$\rightarrow \dfrac{\sqrt{a}}{\sqrt{b}}=-\sqrt{\dfrac{a}{b}} \iff a\geq 0,\ b<0$

**풀이** $\dfrac{\sqrt{a}}{\sqrt{b}}=-\sqrt{\dfrac{a}{b}}$ 이므로 $a\geq 0,\ b<0$

$$(준식)=|a-b|-|b|+|a|$$
$$=a-b-(-b)+a$$
$$=2a$$

**정답** $2a$

---



$a,\ b$는 실수이고 $\sqrt{a}\,\sqrt{b}=-\sqrt{ab}$ 일 때, $\sqrt{2a^2}-|b|$ 를 간단히 하시오.



실수 $x$가 $\dfrac{\sqrt{x+2}}{\sqrt{x}}=-\sqrt{\dfrac{x+2}{x}}$ 를 만족시킬 때, $|x|+\sqrt{(x+2)^2}$ 을 간단히 하시오.

# 반복학습 기록란.

가장 좋은 학습방법은 학교에서나 학원에서나 선생님의 강의를 열심히 듣고 여러 번 반복학습하는 것입니다.
지금부터 당장 선생님의 강의를 열심히 듣고 반복! 반복하십시오. 그러면 곧 모든 과목에 자신이 생길 것입니다.

| 회수 | 시작이 반! | | | 끝을 봐야! | | | 확인 |
|---|---|---|---|---|---|---|---|
| 제1회 | 년 | 월 | 일 부터 | 년 | 월 | 일 까지 | |
| 제2회 | 년 | 월 | 일 부터 | 년 | 월 | 일 까지 | |
| 제3회 | 년 | 월 | 일 부터 | 년 | 월 | 일 까지 | |
| 제4회 | 년 | 월 | 일 부터 | 년 | 월 | 일 까지 | |
| 제5회 | 년 | 월 | 일 부터 | 년 | 월 | 일 까지 | |
| 제6회 | 년 | 월 | 일 부터 | 년 | 월 | 일 까지 | |
| 제7회 | 년 | 월 | 일 부터 | 년 | 월 | 일 까지 | |
| 제8회 | 년 | 월 | 일 부터 | 년 | 월 | 일 까지 | |
| 제9회 | 년 | 월 | 일 부터 | 년 | 월 | 일 까지 | |
| 제10회 | 년 | 월 | 일 부터 | 년 | 월 | 일 까지 | |

가장 좋은 학습방법은 학교에서나 학원에서나 선생님의 강의를 열심히 듣고 여러 번 반복학습하는 것입니다.

# A Step 연습 문제

▶ 연습문제 A는 앞에서 배운 기초 단계의 문제이므로 선생님의 도움 없이 스스로 풀어 자신의 실력을 점검해 보도록 하자.

**01** $P=\sqrt{3-2a-a^2}$이 실수가 되기 위한 상수 $a$의 값의 범위를 구하시오.

**02** 다음 수의 제곱근을 구하시오.

(1) $\sqrt{16}$       (2) $25$       (3) $\dfrac{9}{4}$       (4) $3^2$

**03** 다음을 계산하시오.

$$\sqrt{32}+\sqrt{4}\,\sqrt{9}+\frac{\sqrt{64}}{\sqrt{8}}-\left(\sqrt{7}\right)^2$$

**04** 다음 복소수의 실수부분과 허수부분을 구하시오.

(1) $2-5i$          (2) $2\sqrt{3}\,i+1$

**05** 다음 중 순허수가 아닌 허수인 것을 모두 고르시오.

① $2+3i$     ② $-3i$     ③ $0$     ④ $i-1$     ⑤ $\sqrt{5}\,i$

**06** 복소수 $z=(1+i)x^2+x-(2+i)$가 $0$이 아닌 실수일 때, 실수 $x$의 값을 구하시오.

**07** 복소수 $z = (i-1)x^2 + (4-5i)x - 3 + bi$가 순허수일 때, 실수 $x$의 값을 구하시오.

**08** 다음 각 복소수의 켤레복소수를 구하시오.
(1) $4 - 2i$　　　　　　(2) $5i + 1$　　　　　　(3) $-7i$　　　　　　(4) $3$

**09** 다음을 계산하시오.
(1) $(2+3i) + (2-i)$　　　(2) $(6-3i) - (4-2i)$　　　(3) $(2+i)(1-2i)$

**10** 다음을 계산하시오.
(1) $(2+3i)^2$　　　　　　　　　　　　(2) $(2-3i)^2$

**11** $x = 1 - \sqrt{2}\,i$일 때, $2x^2 - 4x + 5$의 값을 구하시오.

**12** $z = \dfrac{1 - \sqrt{3}\,i}{2}$일 때, $z^2 + \bar{z}^2 - \dfrac{1}{z} - \dfrac{1}{\bar{z}}$의 값을 구하시오.

**13** $\alpha+\beta=3-i$일 때, $\overline{\alpha}^2+2\overline{\alpha}\overline{\beta}+\overline{\beta}^2$의 값을 구하시오.

(단, $\overline{\alpha}$, $\overline{\beta}$는 각각 $\alpha$, $\beta$의 켤레복소수)

**14** $\alpha=2-i$, $\beta=2+i$일 때, $\dfrac{1}{\alpha}+\dfrac{1}{\beta}$의 값을 구하시오.

**15** $\dfrac{2+3i}{4+5i}$를 계산하시오.

**16** 다음을 계산하시오.

(1) $\dfrac{2-3i}{2+3i}$ 　　　　　　　　　　(2) $\dfrac{2+3i}{2-3i}$

**17** 등식 $(a+i)(2+3i)=3+bi$를 만족하는 실수 $a$, $b$에 대하여 $a+b$의 값을 구하시오.

**18** 복소수 $z$와 그 켤레복소수 $\overline{z}$에 대하여 등식 $(1+i)z+2i\overline{z}=1+7i$가 성립할 때, 복소수 $z$를 구하시오.

**19** 다음을 간단히 하시오.

(1) $i+i^2+i^3+i^4+i^5+i^6+i^7+i^8$      (2) $i^{1012}\times i^{1013}$


**20** 다음을 계산하시오.

(1) $\dfrac{1+i}{1-i}$                              (2) $\left(\dfrac{1+i}{1-i}\right)^{2025}$


**21** 자연수 $n$에 대하여 $\left(\dfrac{\sqrt{2}}{1+i}\right)^{n}=1$을 만족하는 $n$의 최솟값을 구하시오.


**22** $-4$의 제곱근을 허수단위 $i$를 사용하여 나타내시오.


**23** 다음을 계산하시오.

(1) $\sqrt{-2}\,\sqrt{8}+\sqrt{-2}\,\sqrt{-8}+\dfrac{\sqrt{-8}}{\sqrt{-2}}+\dfrac{\sqrt{8}}{\sqrt{-2}}$

(2) $\dfrac{\sqrt{12}}{\sqrt{-3}}+\sqrt{4}\times\sqrt{-9}+\dfrac{\sqrt{-8}}{\sqrt{2}}$

(3) $(\sqrt{-3}\,)^2+\sqrt{-3}\times\sqrt{-27}+\dfrac{\sqrt{-27}}{\sqrt{3}}$


**24** $a$, $b$는 실수이고 $\sqrt{a}\,\sqrt{b}=-\sqrt{ab}$ 일 때, $\sqrt{2a^2}-|b|$를 간단히 하시오.

▶ 연습문제 B는 앞에서 배운 문제 중 응용단계의 문제이므로 연습장에 스스로 풀어보고 잘 풀리지 않으면 처음부터 다시 공부한 후 자신이 있을 때 다시 풀어 보도록 하자.

**01** $Q=\sqrt{a^2-2a-15}$ 가 실수가 아닐 때, 상수 $a$의 값의 범위를 구하시오.

**02** $\sqrt{36}$ 의 양의 제곱근을 $a$, $\dfrac{25}{9}$ 의 음의 제곱근을 $b$라 할 때, $ab$의 값을 구하시오.

**03** $\sqrt{(-5)^2}+\sqrt{75}\div\sqrt{3}-\sqrt{2}\left(4\sqrt{8}-\sqrt{\dfrac{1}{2}}\right)$ 을 계산하시오.

**04** 다음 중 허수의 개수를 구하시오.

$$7, \quad -2i^2+2, \quad 6i, \quad \sqrt{2}\,i^2, \quad 1-2i, \quad 5-i$$

**05** $(1+i)x^2-(3-2i)x+2-3i$ 가 실수일 때, 실수 $x$의 값을 구하시오.

**06** $z=(1+i)x^2-x-i$ 에 대하여 $z^2$이 실수가 되게 하는 실수 $x$의 값을 모두 구하시오.

**07** 복소수 $z$의 켤레복소수를 $\bar{z}$라 할 때, 다음 각 복소수의 켤레복소수를 구하시오.

(1) $3i - \sqrt{2}$      (2) $-\sqrt{5}\,i$      (3) $\overline{-\sqrt{5}-\sqrt{3}\,i}$      (4) $-6$

**08** $(2-3i)(2+3i)-(3-i)(3+i)$를 간단히 하시오.

**09** $(-1+\sqrt{3}\,i)^2$을 계산하시오.

**10** $x = \dfrac{3-i}{2}$일 때, $2x^4 - 6x^3 - 7x^2 + 8x + 2$의 값을 구하시오.

**11** $z = 1 - \sqrt{2}\,i$일 때, $\dfrac{\bar{z}}{z^2} + \dfrac{z}{\bar{z}^2}$의 값을 구하시오. (단, $\bar{z}$는 $z$의 켤레복소수)

**12** $\alpha = -2+i$, $\beta = 1-2i$일 때, $\alpha\bar{\alpha} + \bar{\alpha}\beta + \alpha\bar{\beta} + \beta\bar{\beta}$의 값을 구하시오.

(단, $\bar{\alpha}$, $\bar{\beta}$는 각각 $\alpha$, $\beta$의 켤레복소수)

**13**   $a = 1 - i$, $b = 1 + i$일 때, $\dfrac{b}{a} + \dfrac{a}{b}$의 값을 구하시오.

**14**   다음을 계산하시오.

(1) $\dfrac{5}{\sqrt{2} + \sqrt{3}\,i}$                          (2) $\dfrac{3 + 4i}{1 + 2i}$

**15**   다음을 계산하시오.

$$\frac{1 + 2i}{1 - 2i} + \frac{2 - i}{2 + i}$$

**16**   실수 $x$, $y$에 대하여 $\dfrac{x}{1 + i} + \dfrac{y}{1 - i} = 2 - i$가 성립할 때, $2x + y$의 값을 구하시오.

**17**   복소수 $z$와 그 켤레복소수 $\bar{z}$에 대하여 등식 $i\bar{z} + (1 + i)z = 2 + 5i$가 성립할 때, $z\bar{z}$의 값을 구하시오.

**18**   $\dfrac{1}{i} + \dfrac{1}{i^2} + \dfrac{1}{i^3} + \cdots + \dfrac{1}{i^{99}}$ 을 간단히 하시오.

**19** $\left(\dfrac{1-i}{1+i}\right)^{98}+\left(\dfrac{1+i}{1-i}\right)^{100}$ 의 값을 구하시오.


**20** $\left(\dfrac{\sqrt{2}}{1-i}\right)^{n}=1$을 만족하는 10 이상의 자연수 $n$의 최솟값을 구하시오.


**21** 다음에서 $x+y$의 값을 구하시오.
$$x : \text{제곱근} -8,\ y : -32\text{의 음의 제곱근}$$


**22** $\sqrt{-3}\,\sqrt{9}+\sqrt{-2}\,\sqrt{-3}-\sqrt{6}\,\sqrt{-8}+\dfrac{\sqrt{-18}}{\sqrt{-3}}$ 을 계산하시오.


**23** $a,\ b$는 실수이고 $\dfrac{\sqrt{a}}{\sqrt{b}}=-\sqrt{\dfrac{a}{b}}$ 일 때, $\sqrt{(a-b)^2}-\sqrt{b^2}+|a|$ 의 값을 구하시오.

# MEMO

**P A R T**

# 02

## 이차방정식

◈ 중·고교 연결과정 선수학습
1 이차방정식의 해법
2 이차방정식의 근의 판별
3 이차방정식의 근과 계수
4 이차방정식의 켤레근과 공통근
◈ 반복학습 기록란
◈ 연습문제 (A)(B)

**명언**

추위에 떤 자일수록 태양의 따뜻함을 느낀다.
인생의 고뇌를 맛본 자일수록 생명의 존귀함을 느낀다.
- 호이토 맨 -

## 1 방정식의 기초

### [1] 원과 차
(1) **원**(元)은 미지수의 종류의 개수를 의미한다.
(2) **차**(次)는 미지수의 곱해진 개수를 의미한다.
→ 다항식에서는 최고차항의 차수를 그 **다항식의 차수**라 한다.

### [2] 부정과 불능
(1) **부정**(不定)은 방정식을 만족하는 미지수의 값이 무수히 많아 그 값을 정할 수 없다는 의미이다.
(2) **불능**(不能)은 방정식을 만족하는 미지수의 값이 없어 해를 구하는 것이 불가능하다는 의미이다.

---

**강의** 방정식의 기초는 그 의미를 정확하게 알아두어야 한다!

(1) 원과 차의 뜻

① 元(원) → 미지수의 종류의 개수

② 次(차) → 미지수의 곱해진 개수

**주의** 다항식의 차수는 최고차항의 차수에 따른다.

(2) 부정과 불능

┌ 부정 → 근 多
└ 불능 → 근 無

(3) 無근의 뜻

① 1원 1차 → 불능 → $0 \times x = 3$의 꼴

② 2원 1차 → 평행 → 기울기가 같고 절편이 다름(기同절異)

元(으뜸 원)   次(버금 차)   多(많을 다)   無(없을 무)   同(같을 동)   異(다를 이)

---

### 기|본|예|제 01

$3(x-2) = 3x + 6$을 푸시오.

**탐구**   ① $0x = 0$꼴 → 부정        ② $0x = 3$꼴 → 불능

**풀이**   $3x - 6 = 3x + 6$    $3x - 3x = 6 + 6$    $0x = 12$

∴ 불능

**정답**   불능(해가 없다)

---

**유제 01-1**   $2(x-3) = 2x - 6$을 푸시오.

**유제 01-2**   $x$에 대한 방정식 $(a^2 + 3)x - 1 = a(4x - 1)$이 불능일 때, $a$의 값을 구하시오.

## 2  일차방정식의 기본해법

첫째, 미지항은 좌변에, 상수항은 우변에 모은다.

둘째, 양변을 미지항의 계수로 나눈다.

**강의** 일차방정식의 기본해법은 미지항은 좌측에, 상수항은 우측에 모아 계산하여 해를 구한다!

→ (미지항)＝(상수항)

---

### 기│본│예│제 02

$4x-3=2x+1$을 푸시오.

**탐구**  일차방정식의 기본해법 → (미지항)＝(상수항) → 미지항의 계수로 양변 나누기

**풀이**
$$4x-3=2x+1$$
$$4x-2x=1+3$$
$$2x=4$$
$$x=2$$

**정답**  $x=2$

---

**유제 02-1**  $\dfrac{x}{2}+\dfrac{2}{3}=\dfrac{2}{3}x-2.5$를 푸시오.

**유제 02-2**  $\sqrt{2}\,x+\sqrt{3}=\sqrt{3}\,x-\sqrt{2}$를 푸시오.

**유제 02-3**  $2(x-3)-3x=5(x+2)-4$를 푸시오.

## 3 문자계수를 포함한 일차방정식의 해법

첫째, 미지항은 좌변에, 상수항은 우변에 모은다.
둘째, $Ax=B$꼴에서 $A\neq0$일 때와 $A=0$일 때로 분리한다.
셋째, $Ax=B$꼴에서 $A=0$일 때는 $B\neq0$일 때와 $B=0$일 때로 분리한다.

---

**강의** **문자 계수가 있으면 경우를 분리하여 계산한다!**

(1) 방정식 $\to$ ① $a\neq0$  ② $a=0$

(2) 부등식 $\to$ ① $a>0$  ② $a<0$  ③ $a=0$

**보기** $ax=b$의 근

$\to$ 문자계수 방정식 $\to$ 경우분리

i ) $a\neq0$ ; $3x=2$꼴  $\therefore x=\dfrac{b}{a}$

ii ) $a=0,\ b\neq0$ ; $0\times x=3$꼴  $\therefore$ 해는 없다. (불능)

iii ) $a=0,\ b=0$ ; $0\times x=0$꼴  $\therefore$ 해가 무수히 많다. (부정)

---

### 기|본|예|제 03

방정식 $(m^2-8)x-4=m(1-2x)$의 근이 존재할 때, 상수 $m$의 값의 조건을 구하시오.

**탐구** ① 문자 계수 $\to$ 경우분리  ② 불능이 아닐 때 근이 존재한다.

**풀이** 준식을 $ax=b$의 꼴로 정리하면

$$(m^2+2m-8)x=m+4 \quad (m+4)(m-2)x=m+4$$

일차부등식이 불능일 때 $0x=(0$이 아닌 수$)$이므로

i ) $m=-4$일 때, $0x=0$  $\therefore$ 부정

ii ) $m=2$일 때, $0x=6$  $\therefore$ 불능

i ), ii)에서 근이 존재할 조건은 $m\neq2$이다.

**정답** $m\neq2$

---

**유제 03-1** 방정식 $a^2x+1=a(x+1)$의 근이 무수히 많을 때, 상수 $a$의 값을 구하시오.

**유제 03-2** 방정식 $(a^2-15)x=2a(1-x)-6$의 근이 없을 때, 상수 $a$의 값을 구하시오.

## 4  절댓값을 포함한 일차방정식의 해법

첫째, (절댓값 안)$=0$이 되는 $x$값을 구한다.

둘째, 위에서 구한 $x$값을 경계로 하여 구간을 나눈다.

셋째, 위에서 정한 구간에서 절댓값 기호를 없애고 근을 구한다.

넷째, 위에서 얻은 근이 구간에 적합한가를 확인한다.

> **체크**  방정식이 절댓값 $|x-\alpha|$와 $|x-\beta|$를 포함할 때의 구간
>
> 첫째, $x-\alpha=0$, $x-\beta=0$에서 $x=\alpha$, $x=\beta(\alpha<\beta)$를 구한다.
>
> 둘째, $x=\alpha$, $x=\beta$를 경계로 하여 구간을 나눈다.
>
> ① $x<\alpha$       : $|\ominus||\ominus|$
>
> ② $\alpha\leq x<\beta$    : $|\oplus||\ominus|$     로 구간 분류
>
> ③ $x\geq\beta$       : $|\oplus||\oplus|$

> **강의**  절댓값 방정식은 공식을 이용하거나 구간을 분리하여 계산한다!
>
> ① 공식이용 $\Rightarrow$ ② 구간분리
>
> 공식 ① $|A|=k$일 때, $A=\pm k$
>
> 공식 ② $|A|=|B|$일 때, $A=\pm B$

### 기 | 본 | 예 | 제 04

다음 방정식을 푸시오.

(1) $|x-2|=3$                   (2) $|x-2|=x-3$

**탐구**

① $|A|=k \rightarrow A=\pm k$

② $|A|=|B| \rightarrow A=\pm B$

**풀이**

(1) $|x-2|=3$    $x-2=\pm3$    $x=\pm3+2$     $\therefore x=5$ 또는 $x=-1$

(2) $|x-2|=x-3$       $x-2=\pm(x-3)$

   ⅰ) $x-2=x-3$    $-2=3$ (모순)     $\therefore$ 해는 없다.

   ⅱ) $x-2=-x+3$    $2x=5$       $\therefore x=\dfrac{5}{2}$

   ⅰ), ⅱ)에 의해 $x=\dfrac{5}{2}$이다.

**정답**  (1) $x=5$, $x=-1$     (2) $x=\dfrac{5}{2}$

유제 04-1 다음 방정식을 푸시오.
(1) $|x+3|=5$
(2) $|x+3|=2x-9$

유제 04-2 다음 방정식을 푸시오.
(1) $|2x-6|=4$
(2) $|2x-6|=3x+4$

## 기 | 본 | 예 | 제 05

$|x+2|+|x-3|=2x+2$을 푸시오.

**탐구** 절댓값 2개 → 구간 분리

**풀이** 절댓값 안이 0이 되는 $x$값을 구하면 $-2$, 3이다.
구간을 나누어 $x$의 값을 구하면

i ) $x<-2$일 때, $-(x+2)-(x-3)=2x+2$    $-4x=1$

$$\therefore x=-\frac{1}{4} \;:\; \text{조건에 맞지 않으므로 해가 아니다.}$$

ii) $-2 \leq x<3$일 때, $(x+2)-(x-3)=2x+2$    $2x=3$

$$\therefore x=\frac{3}{2} \;:\; \text{조건에 맞으므로 해가 된다.}$$

iii) $x \geq 3$일 때, $(x+2)+(x-3)=2x+2$    $0x=3$

$$\therefore \text{불능}$$

i ), ii), iii)에서 해를 구하면 $x=\frac{3}{2}$이다.

**정답** $x=\dfrac{3}{2}$

---

유제 05-1 $|x-2|+|2x-1|=2$을 푸시오.

유제 05-2 $|x+1|+|x-2|=3x+2$을 푸시오.

## 5  $AB=O$의 의미

→ $A$, $B$ 중 적어도 하나는 0이다.

→ $A=0$ 또는 $B=0$이다.

→ (1) $A=0$, $B\neq 0$   (2) $A\neq 0$, $B=0$   (3) $A=0$, $B=0$ 중의 하나이다.

---

**강의  $AB=0$의 의미는 표현의 다양성에 유의하라!**

① $A=0$ or $B=0$

② $A$, $B$ 중 적어도 하나는 0이다.

③ $A=0$ and $B=0$, $A=0$ and $B\neq 0$, $A\neq 0$ and $B=0$ 중 하나이다.

---

### 기 | 본 | 예 | 제 06

$(x-2)(x-3)=0$의 근을 세 가지 방법으로 설명하시오.

**탐구**  $AB=0$의 의미는 $A=0$ or $B=0$이고, $A=0$ and $B=0$는 아니다.

**풀이**  ① $x=2$ 또는 $x=3$

② $x=2$, $x=3$ 중 적어도 하나는 성립한다.

③ $x=2$이고 $x=3$, $x\neq 2$이고 $x=3$, $x=2$이고 $x\neq 3$ 중 하나이다.

**정답**  풀이참조

---

**유제 06-1**  $(x-a)(x-b)=0$의 근을 바르게 구한 것을 모두 고르시오.

① $x=a$이고 $x=b$이다.　　　　② $x=a$ 또는 $x=b$이다.

③ $x=a$이고 $x\neq b$이다.　　　　④ $x\neq a$이고 $x=b$이다.

⑤ $x=a$, $x=b$ 중 적어도 하나는 성립한다.

**유제 06-2**  다음 설명 중 옳지 않은 것을 고르시오.

① $x^2=4$의 두 근은 $x=\pm 2$이다.

② $x=\pm 2$는 $x=2$ 또는 $x=-2$를 의미한다.

③ $x^2=5$의 두 근은 $x=\pm\sqrt{5}$이다.

④ $x=\pm\sqrt{5}$는 $x=\sqrt{5}$이고 $x=-\sqrt{5}$를 의미한다.

⑤ $(x-3)^2=0$의 근 $x=3$은 두 근이 겹쳐있어 중근이라 한다.

## 1 이차방정식의 기본 해법

**[1] 인수분해에 의한 해법**

→ 방정식의 근을 구할 때는 가장 먼저 인수분해를 한다.

$(x-\alpha)(x-\beta)=0$    $x-\alpha=0$ 또는 $x-\beta=0$    $\therefore\ x=\alpha,\ x=\beta$

**[2] 완전제곱식에 의한 해법**

→ 일차항의 계수가 짝수일 때는 완전제곱식을 이용하면 편리하다.

$(x-b)^2=a$    $x-b=\pm\sqrt{a}$    $\therefore\ x=b\pm\sqrt{a}$

**[3] 근의 공식에 의한 해법**

→ 일차항의 계수가 홀수일 때는 근의 공식을 이용하면 편리하다.

(1) $ax^2+bx+c=0\ (a\neq0)$의 근

$$x=\frac{-b\pm\sqrt{b^2-4ac}}{2a}\ \Rightarrow\ \text{홀수공식}$$

(2) $ax^2+2b'x+c=0\ (a\neq0)$의 근

$$x=\frac{-b'\pm\sqrt{b'^2-ac}}{a}\ \Rightarrow\ \text{짝수공식}$$

---

**유도** 양변을 $a$로 나누어 완전제곱꼴로 고쳐 $x$를 구하면

$$ax^2+bx+c=0\ (a\neq0)$$

$$x^2+\frac{b}{a}x+\frac{c}{a}=0$$

$$\left\{x^2+\frac{b}{a}x+\left(\frac{b}{2a}\right)^2\right\}-\left(\frac{b}{2a}\right)^2+\frac{c}{a}=0$$

$$\left(x+\frac{b}{2a}\right)^2=\frac{b^2-4ac}{4a^2}$$

$$\therefore\ x=\frac{-b\pm\sqrt{b^2-4ac}}{2a}$$

특히, $ax^2+2b'x+c=0\ (a\neq0)$의 근은 $b=2b'$일 때이므로 $x=\dfrac{-b\pm\sqrt{b^2-4ac}}{2a}$에 $b$ 대신 $2b'$를 대입하면 된다.

$$\therefore\ x=\frac{-2b'\pm\sqrt{4b'^2-4ac}}{2a}=\frac{-b'\pm\sqrt{b'^2-ac}}{a}\qquad\cdots\text{유도 끝}$$

### 기 | 본 | 예 | 제 01

다음 이차방정식을 푸시오.

(1) $x^2 - 2x - 3 = 0$
(2) $x^2 - 2x + 3 = 0$
(3) $x^2 + 3x - 2 = 0$

**탐구** 이차방정식의 해법 → 인수분해, 완전제곱식 이용, 근의 공식

**풀이** (1) 인수분해에 의한 해법을 이용하면

$$x^2 - 2x - 3 = 0 \quad (x-3)(x+1) = 0 \quad \therefore \ x = 3 \ \text{또는} \ x = -1$$

(2) 인수분해가 안되고 $x$의 계수가 짝수이므로 완전제곱에 의한 해법을 이용하면

$$x^2 - 2x + 3 = 0 \quad (x-1)^2 + 2 = 0$$
$$(x-1)^2 = -2 \quad x - 1 = \pm \sqrt{-2}$$
$$\therefore \ x = 1 \pm \sqrt{2}\,i$$

(3) 인수분해가 안되므로 근의 공식에 의한 해법을 이용하면

$$x^2 + 3x - 2 = 0 \quad \therefore \ x = \frac{-3 \pm \sqrt{17}}{2}$$

**정답** (1) $x = 3, \ x = -1$  (2) $x = 1 \pm \sqrt{2}\,i$  (3) $x = \dfrac{-3 \pm \sqrt{17}}{2}$

---

**유제 01-1** 다음 이차방정식을 푸시오.

(1) $3x^2 + x - 2 = 0$
(2) $x^2 - 2x + 2 = 0$
(3) $x^2 - 3x + 1 = 0$

**유제 01-2** $3x^2 - 2ax - a^2$을 푸시오. (단, $a$는 상수)

→ 이차항의 계수에 문자가 포함되면 계수가 0일 때와 0이 아닐 때로 분리한다.

---

**강의** **문자계수 이차방정식은 경우를 분리하여 계산한다!**

→ 경우분리 $\begin{cases} a \neq 0 \rightarrow 2\text{차} \\ a = 0 \rightarrow 1\text{차} \end{cases}$

---

**기 | 본 | 예 | 제 02**

**방정식 $mx^2 + mx + x + 1 = 0$을 푸시오.**

**탐구** 문자계수 방정식은 반드시 계수 $a \neq 0$일 때와 $a = 0$일 때로 경우를 분리한다.

**풀이** $m \neq 0$일 때와 $m = 0$일 때로 분리하면

ⅰ) $m \neq 0$일 때, $mx(x+1) + (x+1) = 0$

$$(x+1)(mx+1) = 0$$

$$\therefore \ x = -1, \ x = -\frac{1}{m}$$

ⅱ) $m = 0$일 때, $x + 1 = 0$

$$\therefore \ x = -1$$

**정답** ⅰ) $m \neq 0$일 때, $x = -1, \ x = -\frac{1}{m}$  ⅱ) $m = 0$일 때, $x = -1$

---

**유제 02-1** 방정식 $ax^2 + 2ax + x + 2 = 0$을 푸시오.

**유제 02-2** 이차방정식 $kx^2 + (1-k)x - 1 = 0$을 푸시오.

$x$에 대한 이차방정식 $ax^2 - (a^2+1)x - (2a+1) = 0$의 한 근이 $-1$일 때, 실수 $a$의 값과 다른 한 근을 구하시오.

**탐구** ① 이차방정식 → 최고차항의 계수 $a \neq 0$  ② 한 근 $-1$ → 식에 대입하여 계산

**풀이** $x$에 대한 이차방정식이므로 최고차항의 계수 $a \neq 0$이다.

한 근이 $-1$이므로 준식에 대입하여 $a$의 값을 구하면

$$a + a^2 + 1 - 2a - 1 = 0$$
$$a^2 - a = 0$$
$$a(a-1) = 0$$
$$\therefore a = 0, \ a = 1$$

$a \neq 0$이므로 구하는 $a$의 값은 $1$이다.

$a = 1$을 준식에 대입하여 근을 구하면

$$x^2 - 2x - 3 = 0$$
$$(x-3)(x+1) = 0$$
$$\therefore x = 3, \ x = -1$$

따라서 실수 $a$의 값은 $1$, 다른 한 근은 $3$이다.

**정답** $a = 1$, 다른 한 근 : $3$

---

**유제 03-1** $x$에 대한 이차방정식 $(k-1)x^2 + 2k^2x - 2 = 0$의 한 근이 $1$일 때, 실수 $k$의 값을 구하시오.

**유제 03-2** 이차방정식 $x^2 + (a-2)x + 5a + 1 = 0$의 한 근이 $-2$일 때, $x^2 + ax - a^2 - 1 = 0$의 해를 구하시오. (단, $a$는 실수)

**유제 03-3** 이차방정식 $x^2 - ax + 3a - 2 = 0$의 두 근이 $2$, $b$일 때, 실수 $a$, $b$에 대하여 $2a - b$의 값을 구하시오.

→ 절댓값 안을 $0$으로 하는 값이 $n$개이면 구간은 $n+1$개로 분리된다.

첫째, $|\ |$안을 $0$으로 하는 $x$값을 기준하여 구간을 나눈다.

둘째, 각 구간에서 절댓값 기호를 없애고 방정식을 푼다.

셋째, 구한 해가 구간에 적합한지를 확인한다.

**강의** **절댓값을 포함한 이차방정식은 공식을 이용하거나 구간을 분리하여 푼다!**

→ $|A|=0$ ($n$개) → 구간 ($n+1$개)

---

**기│본│예│제 04**

**다음 방정식을 푸시오.**

(1) $x^2-2|x|-3=0$

(2) $(x+2)|x-2|=3x$

**탐구** ① $x^2=|x|^2$이므로 $|x|$에 대한 이차방정식으로 푼다.

② 절댓값 안이 $0$이 되는 $x$의 값을 구해 구간을 분리하여 푼다.

**풀이** (1) $x^2=|x|^2$이므로

$$|x|^2-2|x|-3=0 \quad (|x|-3)(|x|+1)=0$$

$\therefore\ |x|=3$ 또는 $|x|=-1$ (모순)

$\therefore\ x=\pm3$

(2) 절댓값 안이 $0$이 되는 $x$의 값을 구하면 $x=2$이다.

ⅰ) $x \geq 2$일 때, $(x+2)(x-2)=3x \quad x^2-3x-4=0$

$(x+1)(x-4)=0 \quad \therefore\ x=-1,\ x=4$

$x \geq 2$이므로 $x=4$

ⅱ) $x < 2$일 때, $-(x+2)(x-2)=3x \quad x^2+3x-4=0$

$(x-1)(x+4)=0 \quad \therefore\ x=1,\ x=-4$

$x < 2$이므로 $x=1,\ x=-4$

따라서 ⅰ), ⅱ)에서 해를 구하면 $x=1,\ x=\pm4$이다.

**정답** (1) $x=\pm3$ (2) $x=1,\ x=\pm4$

---

**유제 04-1** 다음 방정식을 푸시오.

(1) $x^2+3|x|-10=0$

(2) $x^2-2|x+1|=1$

**유제 04-2** $x^2+|x|=\sqrt{(x+1)^2}+3$을 푸시오.

[1] 유리수해 → 무리수가 서로 같을 조건을 이용한다.

[2] 실수해 → $x^2$의 계수를 유리화하고 방정식을 푼다.

**강의** 무리계수 방정식은 유리수 조건이 있으면 무리수가 서로 같을 조건을 이용한다! (100%)

$$\sqrt{\phantom{x}} + \text{유리수 조건 有} \rightarrow \text{무리수가 서로 같을 조건 이용}$$
$$\sqrt{\phantom{x}} + \text{유리수 조건 無} \rightarrow \text{이차 계수의 유리화 이용}$$

有(있을 유)　　無(없을 무)

## 기|본|예|제 05

$(2+\sqrt{3})x^2+(1+\sqrt{3})x-2(5+3\sqrt{3})=0$의 유리근을 구하시오.

**탐구**　　$\sqrt{\phantom{x}}$, 유리근 → 무리수가 서로 같을 조건 이용!

**풀이**　　준식을 전개하여 정리하면

$$2x^2+\sqrt{3}\,x^2+x+\sqrt{3}\,x-10-6\sqrt{3}=0$$
$$(2x^2+x-10)+(x^2+x-6)\sqrt{3}=0$$

무리수가 서로 같을 조건을 이용하면

$$2x^2+x-10=0 \text{이고 } x^2+x-6=0$$
$$(x-2)(2x+5)=0 \text{이고 } (x+3)(x-2)=0$$
$$\therefore\ x=2,\ x=-\frac{5}{2}\text{이고 } x=-3,\ x=2$$
$$\therefore\ x=2$$

**정답**　　$x=2$

---

**유제 05-1**　　$(1+2\sqrt{2})x^2+(1+3\sqrt{2})x-2(1+\sqrt{2})=0$의 유리근을 구하시오.

**유제 05-2**　　$(1+2\sqrt{5})x^2-(1-\sqrt{5})x-2-\sqrt{5}=0$의 유리근을 구하시오.

이차방정식 $(\sqrt{2}-1)x^2-(3-\sqrt{2})x+\sqrt{2}=0$의 두 근을 $\alpha$, $\beta$라 할 때 $|\alpha-\beta|$의 값을 구하시오.

**탐구**  무리계수 방정식 $\oplus$ 유리수 조건 無 $\rightarrow$ 유리화!

**풀이**  양변에 $(\sqrt{2}+1)$을 곱하여 $x^2$의 계수를 유리화하면
$$(\sqrt{2}-1)(\sqrt{2}+1)x^2-(3-\sqrt{2})(\sqrt{2}+1)x+\sqrt{2}(\sqrt{2}+1)=0$$
$$x^2-(2\sqrt{2}+1)x+\sqrt{2}(\sqrt{2}+1)=0$$
이차방정식을 인수분해하여 $x$의 값을 구하면
$$(x-\sqrt{2})\{x-(\sqrt{2}+1)\}=0$$
$$\therefore \ x=\sqrt{2}, \ x=\sqrt{2}+1$$
$$|\alpha-\beta|=|\sqrt{2}-(\sqrt{2}+1)|=1$$

**정답**  1

---

**유제 06-1**  이차방정식 $(\sqrt{2}-1)x^2+x+(2-\sqrt{2})=0$의 두 근을 $\alpha$, $\beta$라 할 때 $\alpha^2+\beta^2$의 값을 구하시오.

**유제 06-2**  이차방정식 $(\sqrt{2}+1)x^2-(2\sqrt{2}+1)x-2=0$의 두 근을 $\alpha$, $\beta$라 할 때, $\alpha-\beta$의 값을 구하시오. (단, $\alpha>\beta$)

**유제 06-3**  이차방정식 $(\sqrt{3}+1)x^2+(8+2\sqrt{3})x+(5\sqrt{3}+3)=0$의 두 근을 $\alpha$, $\beta$라 할 때, $2\alpha-\beta$의 값을 구하시오. (단, $\alpha>\beta$)

[1] 실수해 → 복소수가 서로 같을 조건을 이용한다.

[2] 복소수해 → $x^2$의 계수를 실수화하고 방정식을 푼다.

> **강의** 허수계수 방정식은 실수조건이 있으면 복소수가 서로 같을 조건을 이용한다!
>
> $\begin{cases} i + \text{실수 조건 } 有 \rightarrow \text{복소수가 서로 같을 조건 이용} \\ i + \text{실수 조건 } 無 \rightarrow \text{이차계수의 실수화 이용} \end{cases}$

有(있을 유)    無(없을 무)

### 기 | 본 | 예 | 제 **07**

이차방정식 $(1+2i)x^2-(1-3i)x-5i=0$의 실근을 구하시오. (단, $i=\sqrt{-1}$)

**탐구**  $i+$실근 → 복소수가 서로 같을 조건 이용!

**풀이**  준식을 전개하여 정리하면

$$x^2+2x^2i-x+3xi-5i=0$$

$$(x^2-x)+(2x^2+3x-5)i=0$$

복소수가 서로 같을 조건을 이용하면

$$x^2-x=0 \text{이고 } 2x^2+3x-5=0$$

$$x(x-1)=0 \text{이고 } (x-1)(2x+5)=0$$

$$\therefore \ x=0, \ x=1 \text{이고 } x=1, \ x=-\frac{5}{2}$$

$$\therefore \ x=1$$

**정답**  $x=1$

---

**유제 07-1**  이차방정식 $(2+i)x^2-(5-4i)x+2-12i=0$의 실근을 구하시오.

**유제 07-2**  이차방정식 $(1+i)x^2-2(1-i)x+1-3i=0$의 실근을 구하시오.

이차방정식 $(1-i)x^2+2ix-4i=0$을 푸시오.

**탐구**    $x^2$의 계수를 실수화한 후에 복소수 범위까지 인수분해하여 푼다.

**풀이**    양변에 $1+i$를 곱하여 $x^2$의 계수를 실수화하면

$$(1+i)(1-i)x^2+2i(1+i)x-4i(1+i)=0$$

$$2x^2+(2i-2)x-4i(1+i)=0$$

$$x^2+(i-1)x-2i(1+i)=0$$

이차방정식을 인수분해하여 $x$의 값을 구하면

$$(x+2i)\{x-(1+i)\}=0$$

$$\therefore\ x=-2i,\ x=1+i$$

**정답**    $x=-2i$ 또는 $x=1+i$

---

**유제 08-1**    이차방정식 $ix^2-x+2i=0$의 두 근을 $\alpha$, $\beta$라 할 때, $\alpha^2+\beta^2$의 값을 구하시오.

**유제 08-2**    이차방정식 $(1+i)x^2+2x+1-i=0$의 두 근을 $\alpha$, $\beta$라 할 때, $\dfrac{1}{\alpha}+\dfrac{1}{\beta}$의 값을 구하시오.

**유제 08-3**    이차방정식 $(2-3i)x^2-2(2+i)x+i=0$을 푸시오.

# 이차방정식의 근의 판별

## 1 이차방정식의 판별식

→ $ax^2+bx+c=0$ $(a,\ b,\ c$는 실수 $a\neq0)$의 근의 공식 $x=\dfrac{-b\pm\sqrt{b^2-4ac}}{2a}$ 에서 $\sqrt{\phantom{x}}$ 속

$D=b^2-4ac$를 **판별식**이라 한다.

(1) $D>0 \Leftrightarrow$ 서로 다른 두 실근

(2) $D=0 \Leftrightarrow$ 서로 같은 두 실근(중근)

(3) $D<0 \Leftrightarrow$ 서로 다른 두 허근

---

**체크** $ax^2+2b'x+c=0\,(a,\ b',\ c$는 실수, $a\neq0)$의 판별식

$$x=\dfrac{-b'\pm\sqrt{4b'^2-4ac}}{2a} \ \rightarrow\ D=4b'^2-4ac$$

$$x=\dfrac{-b'\pm\sqrt{b'^2-ac}}{a} \ \rightarrow\ D/4=b'^2-ac$$

---

**강의** 판별식의 정체는 근의 공식에서 $\sqrt{\phantom{x}}$ 속을 보고 판별한다!

① $ax^2+bx+c=0 \ \rightarrow$ 근의 공식의 $\sqrt{\phantom{x}}$ 속 : $D=b^2-4ac$

② $ax^2+2b'x+c=0 \ \rightarrow$ 근의 공식의 $\sqrt{\phantom{x}}$ 속 : $D/4=b'^2-ac$

---

### 기 | 본 | 예 | 제 09

$x$에 대한 이차방정식 $x^2+2(1-k)x+(k+5)=0$이 서로 다른 두 실근을 갖게 하는 $k$의 값의 범위를 구하시오.

**탐구** 이차방정식의 판별식 $D=b^2-4ac>0 \ \rightarrow$ 서로 다른 두 실근

**풀이** 주어진 이차방정식의 판별식을 구하면

$$D/4=(1-k)^2-(k+5)=1-2k+k^2-k-5$$
$$=k^2-3k-4=(k-4)(k+1)$$

서로 다른 두 실근을 가지려면

$$D/4=(k-4)(k+1)>0$$
$$\therefore\ k<-1 \ 또는 \ k>4$$

**정답** $k<-1$ 또는 $k>4$

유제 09-1 $x$에 대한 이차방정식 $x^2-x(kx-6)+3=0$이 허근을 갖기 위한 정수 $k$의 최댓값을 구하시오.

유제 09-2 $x$에 대한 이차방정식 $ax^2+4x-2=0$이 실근을 가질 때, 실수 $a$의 값의 범위를 구하시오.

## 기 | 본 | 예 | 제 $10$

$x$에 대한 이차방정식 $x^2-2(k-a)x+k^2+a^2-b+1=0$이 실수 $k$의 값에 관계없이 중근을 가질 때, 상수 $a$, $b$의 값을 구하시오.

**탐구** ① 중근 $\to$ $D=0$　　② $k$의 값에 관계없이 $\to$ $k$에 대한 항등식

**풀이** 주어진 이차방정식이 중근을 가지므로

$$D/4=(k-a)^2-(k^2+a^2-b+1)=0$$

$k$에 대한 항등식이므로 $k$에 대하여 정리하면

$$D/4=k^2-2ak+a^2-k^2-a^2+b-1$$
$$=-2ak+b-1=0$$
$$\therefore\ -2a=0,\ b-1=0$$
$$\therefore\ a=0,\ b=1$$

**정답** $a=0,\ b=1$

유제 10-1 $x$에 대한 이차방정식 $x^2+2(k+2a)x+k^2+b-3=0$이 실수 $k$의 값에 관계없이 중근을 가질 때, 상수 $a$, $b$에 대하여 $a+b$의 값을 구하시오.

유제 10-2 $x$에 대한 이차방정식 $x^2+(2k+a)x+k^2+2k+b=0$이 실수 $k$의 값에 관계없이 중근을 가질 때, 상수 $a$, $b$에 대하여 $a-b$의 값을 구하시오.

### 기 | 본 | 예 | 제 11

$x$에 대한 이차식 $x^2+(k-1)x-2k-1$이 완전제곱식이 될 때, 실수 $k$의 값과 그때의 근을 구하시오.

**탐구**  완전제곱식 → 중근 → $D=0$

**풀이**  주어진 이차식이 완전제곱식이 되려면 이차방정식 $x^2+(k-1)x-2k-1=0$의 판별식이 0이어야 하므로

$$D=(k-1)^2-4(-2k-1)$$
$$=k^2-2k+1+8k+4$$
$$=k^2+6k+5=0$$
$$(k+5)(k+1)=0$$
$$\therefore\ k=-5\ \text{또는}\ k=-1$$

ⅰ) $k=-5$일 때, $x^2-6x+9=0$
$$(x-3)^2=0 \qquad \therefore\ x=3$$

ⅱ) $k=-1$일 때, $x^2-2x+1=0$
$$(x-1)^2=0 \qquad \therefore\ x=1$$

**정답**  ⅰ) $k=-5$일 때, $x=3$  ⅱ) $k=-1$일 때, $x=1$

---

**유제 11-1**  $x$에 대한 이차식 $x^2-ax+a-1$이 완전제곱식이 될 때, 실수 $a$의 값을 구하시오.

**유제 11-2**  $x$에 대한 이차식 $x^2-2(k-1)x+3k+5$가 완전제곱식이 될 때, 실수 $k$의 값의 합을 구하시오.

→ $ax^2+bx+c=0$에서 판별식 $D$를 사용하려면

(1) 이차방정식이어야 한다. $(a \neq 0)$

(2) 실계수이어야 한다. $(a, b, c$는 실수$)$ (단, 중근은 실계수가 아니라도 사용 가능)

---

**강의** **판별식 $D$는 실계수 이차방정식일 때만 사용 가능하다!**

① 이차 → $a \neq 0$

② 실계수 → $\sqrt{D=\text{허수}}$ $(\times)$

**주의** 예외 : 중근 → 허계수 가능 → $\sqrt{D=0}$ $(\bigcirc)$

**주의** 실수 체계와 복소수 체계

$\quad \left[ \begin{array}{l} \text{실수 체계} \to \sqrt{(\quad) \geq 0} \to \sqrt{\text{음수}} \ (\times) \\ \text{복소수 체계} \to \sqrt{(\quad) \gtreqless 0} \to \sqrt{\text{허수}} \ (\times) \end{array} \right.$

---

**기|본|예|제 12**

이차방정식 $x^2-(a+i)x+2+bi=0$가 중근을 가질 때, 실수 $a, b$의 값을 구하시오.

**탐구** 실계수가 아니라도 중근의 경우 판별식 사용 가능!

**풀이** 중근을 가지므로

$$D=(a+i)^2-4(2+bi)=a^2+2ai-1-8-4bi=a^2-9+2(a-2b)i=0$$

실계수이므로 복소수가 서로 같을 조건을 이용하면

$$a^2-9=0 \text{이고} \ 2(a-2b)=0$$

i ) $a=3$이면 $3-2b=0$이므로 $b=\dfrac{3}{2}$

ii ) $a=-3$이면 $-3-2b=0$이므로 $b=-\dfrac{3}{2}$

**정답** $a=3, \ b=\dfrac{3}{2}$ 또는 $a=-3, \ b=-\dfrac{3}{2}$

---

**유제 12-1** 이차방정식 $x^2+(a+2i)x+b+4i=0$이 중근을 가질 때, 실수 $a, b$에 대하여 $a+b$의 값을 구하시오.

**유제 12-2** 이차방정식 $x^2+(a-2i)x+b+i=0$이 중근을 가질 때, 실수 $a, b$에 대하여 $ab$의 값을 구하시오.

# 03

# 이차방정식의 근과 계수

## 1 이차방정식의 근과 계수의 관계

→ $ax^2 + bx + c = 0\,(a \neq 0)$의 두 근을 $\alpha$, $\beta$라 하면

(1) $\alpha + \beta = -\dfrac{b}{a}$

(2) $\alpha\beta = \dfrac{c}{a}$

(3) $|\alpha - \beta| = \dfrac{\sqrt{b^2 - 4ac}}{|a|}$  (짝수공식 불가)

---

**유도** $(\alpha - \beta)^2 = (\alpha + \beta)^2 - 4\alpha\beta$

$\quad |\alpha - \beta| = \sqrt{(\alpha + \beta)^2 - 4\alpha\beta}$

$\quad\quad = \sqrt{\left(-\dfrac{b}{a}\right)^2 - 4\dfrac{c}{a}} = \dfrac{\sqrt{b^2 - 4ac}}{|a|}$  …유도 끝

---

**체크** ① $ax^2 + 2b'x + c = 0\,(a \neq 0)$에서

$\quad |\alpha - \beta| = \dfrac{\sqrt{b'^2 - ac}}{|a|}$ 는 잘못된 식이고,

$\quad$ 반드시 $|\alpha - \beta| = \dfrac{\sqrt{(2b')^2 - 4ac}}{|a|}$ 로 해야만 한다.

② 근과 계수의 관계는 계수 $a$, $b$, $c$의 실수, 허수 조건에 관계없이 항상 성립한다.

---

**강의** 두 근의 합과 곱과 차는 두 근이 주어지면 근과 계수의 관계를 이용한다!

$ax^2 + bx + c = 0 \ (a \neq 0) \rightarrow$ 두 근$(\alpha, \beta)$

① 합 $\alpha + \beta = -\dfrac{b}{a}$

② 곱 $\alpha\beta = \dfrac{c}{a}$

③ 차 $|\alpha - \beta| = \dfrac{\sqrt{D}}{|a|}$ $\left(\dfrac{D}{4}$ 불가$\right)$

**주의** 이차방정식에서 두 근이 주어지면 합과 곱을 이용한다! (100%)

$x^2+3x+1=0$의 두 근을 $\alpha$, $\beta$라 할 때, 다음 식의 값을 구하시오.

(1) $\alpha^2+\beta^2$          (2) $\alpha^3+\beta^3$          (3) $\alpha-\beta$

**탐구**   두 근 → 근과 계수의 관계

**풀이**   $\alpha+\beta=-3$, $\alpha\beta=1$

(1) $\alpha^2+\beta^2=(\alpha+\beta)^2-2\alpha\beta=(-3)^2-2\times1=9-2=7$

(2) $\alpha^3+\beta^3=(\alpha+\beta)^3-3\alpha\beta(\alpha+\beta)=(-3)^3-3\times1\times(-3)=-18$

(3) $(\alpha-\beta)^2=(\alpha+\beta)^2-4\alpha\beta=(-3)^2-4\times1=5$      $\therefore\ \alpha-\beta=\pm\sqrt{5}$

**정답**   (1) 7     (2) $-18$     (3) $\pm\sqrt{5}$

---

**유제 13-1**   이차방정식 $ax^2-4bx+b=0$ (단, $ab\neq0$)의 두 근을 $\alpha$, $\beta$라 할 때, $\dfrac{1}{\alpha}+\dfrac{1}{\beta}$의 값을 구하시오.

**유제 13-2**   이차방정식 $x^2-2x+2=0$의 두 근을 $\alpha$, $\beta$라 할 때, $(\alpha-3\beta+1)(\beta-3\alpha+1)$의 값을 구하시오.



이차방정식 $x^2+ax+b=0$의 두 근이 $1$, $-2$일 때, 이차방정식 $2x^2+(a+b)x+b=0$의 두 근의 합을 구하시오. (단, $a$, $b$는 실수)

**탐구**   두 근 → 근과 계수의 관계 이용

**풀이**   이차방정식 $x^2+ax+b=0$의 두 근이 $1$, $-2$이므로 근과 계수의 관계를 이용하여 $a$, $b$의 값을 구하면

     두 근의 합 : $1+(-2)=-a$ $\therefore\ a=1$

     두 근의 곱 : $1\times(-2)=b$     $\therefore\ b=-2$

이차방정식 $2x^2+(a+b)x+b=0$의 두 근의 합을 구하면

$$-\frac{a+b}{2}=-\frac{1+(-2)}{2}=\frac{1}{2}$$

**정답**   $\dfrac{1}{2}$

**유제 14-1** 이차방정식 $ax^2+x+2b=0$의 두 근이 $1$, $-\dfrac{1}{2}$일 때, 이차방정식

$(a+b)x^2+ax-b=0$의 두 근의 곱을 구하시오.

**유제 14-2** 이차방정식 $x^2+ax+4=0$의 두 근이 $1$, $b$일 때, 이차방정식

$(a+1)x^2+bx+1=0$의 두 근의 합을 구하시오.

## 기|본|예|제 **15**

이차방정식 $x^2+px+q=0$의 두 근을 $\alpha$, $\beta$라 할 때, 이차방정식 $x^2-px+2q=0$의 두 근은 $\alpha-1$, $\beta-1$이다. 이때 실수 $p$, $q$의 값을 구하시오.

**탐구** 두 근 → 근과 계수의 관계 이용

**풀이** 이차방정식 $x^2+px+q=0$의 두 근은 $\alpha$, $\beta$이므로

$$\alpha+\beta=-p, \ \alpha\beta=q \qquad \cdots ①$$

이차방정식 $x^2-px+2q=0$의 두 근은 $\alpha-1$, $\beta-1$이므로

$$\alpha-1+\beta-1=p, \quad (\alpha-1)(\beta-1)=2q$$

$$\alpha+\beta-2=p, \quad \alpha\beta-(\alpha+\beta)+1=2q \qquad \cdots ②$$

$$① → ② \ ; \ -p-2=p \qquad\qquad \therefore \ p=-1$$

$$q+p+1=2q \qquad q=p+1 \qquad \therefore \ q=0$$

**정답** $p=-1, \ q=0$

**유제 15-1** 이차방정식 $x^2-3x+b=0$의 두 근을 $\alpha$, $\beta$라 할 때, $x^2-(3a+1)x+3=0$의 두 근은 $\alpha+\beta$, $\alpha\beta$이다. 이때 상수 $a$, $b$에 대하여 $a^2+b^2$의 값을 구하시오.

**유제 15-2** 이차방정식 $x^2-(a-3)x+3=0$의 두 근을 $\alpha$, $\beta$라 할 때, $\alpha^2+\beta^2=\alpha\beta$가 되는 양수 $a$의 값을 구하시오.

## 기|본|예|제 16

$x$에 대한 이차방정식 $(m^2+1)x^2-4mx+2=0$이 양의 두 근을 가지며 한 근은 다른 한 근의 3배와 같다고 할 때, 실수 $m$의 값을 구하시오.

**탐구** 한 근이 다른 한 근의 $m$배 $\rightarrow$ 두 근 $\alpha$, $m\alpha$

**풀이** 한 근이 다른 한 근의 3배이므로 두 근을 $\alpha$, $3\alpha$ $(\alpha>0)$라 하면

$$\text{두 근의 합} : \alpha+3\alpha=\frac{4m}{m^2+1} \qquad \therefore\ \alpha=\frac{m}{m^2+1} \qquad \cdots ①$$

$$\text{두 근의 곱} : \alpha\times3\alpha=\frac{2}{m^2+1} \qquad \therefore\ 3\alpha^2=\frac{2}{m^2+1} \qquad \cdots ②$$

$$①\rightarrow② ;\ 3\times\left(\frac{m}{m^2+1}\right)^2=\frac{2}{m^2+1} \qquad 3m^2=2(m^2+1) \qquad m^2=2$$

$$\therefore\ m=\pm\sqrt{2}$$

①에서 $\alpha>0$이므로 $m>0$

$$\therefore\ m=\sqrt{2}$$

**정답** $\sqrt{2}$

---

**유제 16-1** 이차방정식 $x^2-(m-1)x+6=0$의 두 근의 비가 $3:2$일 때, 실수 $m$에 대하여 $m^2+3m$의 값을 구하시오.

**유제 16-2** 이차방정식 $x^2+(m-6)x-12=0$의 두 근의 절댓값의 비가 $3:1$이 되게 하는 실수 $m$의 값을 구하시오.

이차방정식 $(m-1)x^2-(m+3)x+6=0$의 한 근이 다른 한 근보다 1 크다고 할 때, 실수 $m$의 값을 구하시오.

**탐구**

① 이차방정식 $\rightarrow m-1 \neq 0$

② 한 근이 다른 한 근보다 1 크다. $\rightarrow$ 두 근 $\alpha$, $\alpha+1$ 이용

**풀이**

이차방정식이므로 최고차항의 계수 $m-1 \neq 0$이므로 $m \neq 1$이다.

한 근이 다른 한 근보다 1크므로 두 근을 $\alpha$, $\alpha+1$이라 하면

$$두\ 근의\ 합 : \alpha+\alpha+1=\frac{m+3}{m-1}$$

$$\therefore\ 2\alpha+1=\frac{m+3}{m-1} \qquad \cdots ①$$

$$두\ 근의\ 곱 : \alpha(\alpha+1)=\frac{6}{m-1}$$

$$\therefore\ \alpha^2+\alpha=\frac{6}{m-1} \qquad \cdots ②$$

①에서 $\alpha$를 구하면

$$2\alpha=\frac{m+3}{m-1}-1=\frac{m+3-m+1}{m-1}=\frac{4}{m-1}$$

$$\therefore\ \alpha=\frac{2}{m-1} \qquad \cdots ③$$

$$③\rightarrow② : \left(\frac{2}{m-1}\right)^2+\frac{2}{m-1}=\frac{6}{m-1}$$

$m \neq 1$이므로 양변에 $(m-1)^2$을 곱하고 $m$의 값을 구하면

$$4+2(m-1)=6(m-1)$$

$$4+2m-2=6m-6$$

$$-4m=-8$$

$$\therefore\ m=2$$

**정답** 2

---

**유제 17-1** 이차방정식 $x^2+2kx+15=0$의 두 근의 차가 2일 때, 실수 $k$의 값과 그 때의 근을 구하시오.

**유제 17-2** 이차방정식 $x^2-(m-1)x+m=0$의 두 근의 차가 1일 때, 양수 $m$의 값을 구하시오.

**$f(ax+b)=0$의 두 근은 $ax+b=\alpha$, $ax+b=\beta$로 놓아 $x$를 구한다!**

첫째, $f(x)=0 \to \alpha+\beta$, $\alpha\beta$를 구한다.

둘째, $f(ax+b)=0 \to ax+b=\alpha$, $ax+b=\beta \to$ 두 근 $x$를 구한다.

## 기 | 본 | 예 | 제 18

이차방정식 $f(x)=0$의 두 근의 합이 4일 때, 이차방정식 $f(2x+1)=0$의 두 근의 합을 구하시오.

**탐구**  $f(x)=0$의 두 근 $\alpha$, $\beta \to f(2x+1)=0$에서 $2x+1=\alpha$, $2x+1=\beta$로 성립

**풀이**  $f(x)=0$의 두 근을 $\alpha$, $\beta$라 하면 두 근의 합이 4이므로

$$\alpha+\beta=4$$

$f(2x+1)=0$의 두 근을 구하면

$$\alpha=2x+1 \text{에서} \qquad x=\frac{\alpha-1}{2}$$

$$\beta=2x+1 \text{에서} \qquad x=\frac{\beta-1}{2}$$

$f(2x+1)=0$의 두 근의 합을 구하면

$$\frac{\alpha-1}{2}+\frac{\beta-1}{2}=\frac{\alpha+\beta-2}{2}=\frac{4-2}{2}=1$$

**정답**  1

---

**유제 18-1**  이차방정식 $f(x)=0$의 두 근 $\alpha$, $\beta$에 대하여 $\alpha+\beta=5$, $\alpha\beta=-3$일 때, 이차방정식 $f(3x+2)=0$의 두 근의 곱을 구하시오.

**유제 18-2**  이차식 $f(x)=x^2-3x+4$에 대하여 이차방정식 $f(2x-1)=0$의 두 근의 곱을 구하시오.

→ $\alpha$, $\beta$를 두 근으로 하는 이차방정식을 구하면

$(x-\alpha)(x-\beta)=0$

$x^2-(\alpha+\beta)x+\alpha\beta=0$

**강의**  **이차방정식의 작성은 두 근의 합과 곱을 이용한다!**

① 두 근 $\alpha$, $\beta$ → $x^2-$합$x+$곱$=0$

② 두 근 $x$, $y$ → $t^2-$합$t+$곱$=0$

**기|본|예|제 19**

이차방정식 $x^2+x+2=0$의 두 근이 $\alpha$, $\beta$일 때, $\alpha^2+1$, $\beta^2+1$을 두 근으로 하는 이차방정식을 구하시오. (단, 이차항의 계수는 1이다.)

**탐구**  두 근 $\alpha$, $\beta$ → 근과 계수의 관계 이용

**풀이**  이차방정식 $x^2+x+2=0$의 두 근이 $\alpha$, $\beta$이므로

$\qquad \alpha+\beta=-1,\ \alpha\beta=2 \qquad \cdots$ ①

①을 이용하여 두 근이 $\alpha^2+1$, $\beta^2+1$인 이차방정식의 두 근의 합과 곱을 구하면

ⅰ) 두 근의 합 : $\alpha^2+1+\beta^2+1=\alpha^2+\beta^2+2=(\alpha+\beta)^2-2\alpha\beta+2$

$\qquad\qquad\qquad\qquad =1-4+2=-1$

ⅱ) 두 근의 곱 : $(\alpha^2+1)(\beta^2+1)=\alpha^2\beta^2+\alpha^2+\beta^2+1=(\alpha\beta)^2+(\alpha+\beta)^2-2\alpha\beta+1$

$\qquad\qquad\qquad\qquad =4+1-4+1=2$

구한 두 근의 합과 곱을 이용하여 이차방정식을 구하면

$\qquad x^2+x+2=0$

**정답**  $x^2+x+2=0$

**유제 19-1**  이차방정식 $2x^2-x+1=0$의 두 근을 $\alpha$, $\beta$라 할 때, $\dfrac{1}{\alpha}$, $\dfrac{1}{\beta}$을 두 근으로 하는 이차항의 계수가 1인 이차방정식을 구하시오.

**유제 19-2**  이차방정식 $x^2+3x+1=0$의 두 근을 $\alpha$, $\beta$라 할 때, $\alpha^2+\dfrac{1}{\beta}$, $\beta^2+\dfrac{1}{\alpha}$을 두 근으로 하는 이차방정식을 구하시오. (단, 이차항의 계수는 1이다.)

석진, 윤기 두 명이 이차방정식 $ax^2+bx+c=0$을 풀었다. 석진이는 $b$를 잘못 보고 풀어 2와 3이라는 근을 얻었고, 윤기는 $c$를 잘못 보고 풀어 1과 4라는 근을 얻었다. 처음 이차방정식의 해를 구하시오.

**탐구** 잘못 본 문제 → 잘본 것 이용하여 문제 해결

**풀이** 석진이 잘 본 것 $a$, $c$ → $\dfrac{c}{a}=6$

윤기가 잘 본 것 $a$, $b$ → $-\dfrac{b}{a}=5$

구한 값을 이용하여 처음 이차방정식을 구하면

$$a\left(x^2+\dfrac{b}{a}x+\dfrac{c}{a}\right)=0$$
$$a(x^2-5x+6)=0$$
$$a(x-2)(x-3)=0$$
$$\therefore\ x=2,\ x=3$$

**정답** $x=2,\ x=3$

---

**유제 20-1** 정아와 은지가 이차방정식 $x^2+ax+b=0$을 풀었다. 정아는 $a$를 잘못 보고 풀어 $1$, $-8$의 두 근을 얻었고 은지는 $b$를 잘못 보고 풀어 $1+2i$, $1-2i$의 두 근을 얻었다면 처음 이차방정식을 구하시오.

**유제 20-2** 이차방정식 $x^2+ax+b=0$을 푸는데 $A$는 $a$를 잘못 보고 풀어 $-1$, $-3$의 두 근을 얻었고, $B$는 $b$를 잘못 보고 풀어 $2+2\sqrt{2}$, $2-2\sqrt{2}$의 두 근을 얻었다. 이때 처음 이차방정식의 두 근을 $\alpha$, $\beta$라 하면 $\alpha^2+\beta^2$의 값을 구하시오.

→ $ax^2 + bx + c = 0\,(a \neq 0)$의 두 근을 $\alpha$, $\beta$라 하면

(1) $ax^2 + bx + c = a(x - \alpha)(x - \beta)$

(2) $\alpha = \beta$일 때, $ax^2 + bx + c = a(x - \alpha)^2$

---

**강의** **이차방정식의 근에 의한 인수분해는 $a(x - \alpha)(x - \beta)$로 인수분해된다!**

→ 두 근 $\alpha$, $\beta$ → $ax^2 + bx + c = a(x - \alpha)(x - \beta)$

---

**기│본│예│제 21**

이차식 $6x^2 - 5x + 2$를 근의 공식을 이용하여 복소수 범위에서 인수분해하시오.

**탐구** 이차방정식 $ax^2 + bx + c = 0\,(a \neq 0)$의 두 근을 $\alpha$, $\beta$라 하면

→ $ax^2 + bx + c = a(x - \alpha)(x - \beta)$

**풀이** $6x^2 - 5x + 2 = 0$의 두 근을 근의 공식을 이용하여 구하면

$$x = \frac{5 \pm \sqrt{25 - 48}}{12} = \frac{5 \pm \sqrt{23}\,i}{12}$$

이 두 근을 이용하여 준식을 인수분해하면

$$6x^2 - 5x + 2 = 6\left(x - \frac{5 + \sqrt{23}\,i}{12}\right)\left(x - \frac{5 - \sqrt{23}\,i}{12}\right)$$

**정답** $6\left(x - \dfrac{5 + \sqrt{23}\,i}{12}\right)\left(x - \dfrac{5 - \sqrt{23}\,i}{12}\right)$

---

**유제 21-1** 이차식 $3x^2 - 2x - 4$를 근의 공식을 이용하여 복소수 범위에서 인수분해하시오.

**유제 21-2** 이차식 $2x^2 - x + 1$을 근의 공식을 이용하여 복소수 범위에서 인수분해하시오.

## 1 이차방정식의 켤레근

(1) 유리계수 이차방정식의 한 근이 $\alpha+\beta\sqrt{m}$ 이면 다른 한 근은 $\alpha-\beta\sqrt{m}$ 이다.
   (단, $\alpha$, $\beta$는 유리수, $\beta\neq 0$, $\sqrt{m}$ 은 무리수)

(2) 실계수 이차방정식의 한 근이 $\alpha+\beta i$ 이면 다른 한 근은 $\alpha-\beta i$ 이다.
   (단, $\alpha$, $\beta$는 실수, $\beta\neq 0$, $i=\sqrt{-1}$ )

---

**강의** 유리계수 방정식의 켤레근은 유리수 계수 조건이 필요하다!

→ 무리근은 고독하지 않다. → 유리계수 방정식

$\quad\to a+b\sqrt{3}\,(근) \rightleftarrows a-b\sqrt{3}\,(근)$

---

**기|본|예|제 22**

이차방정식 $x^2-ax+b=0$의 한 근이 $\dfrac{\sqrt{3}-1}{2}$ 일 때, 유리수 $a$, $b$의 값을 구하시오.

**탐구** 유리계수 이차방정식의 한 근 $\dfrac{\sqrt{3}-1}{2}$ → 다른 한 근 $\dfrac{-\sqrt{3}-1}{2}$

**풀이** 유리계수 이차방정식의 한 근이 $\dfrac{\sqrt{3}-1}{2}$ 이므로 다른 한 근은 $\dfrac{-\sqrt{3}-1}{2}$ 이다.

$\quad$ 두 근의 합 : $a=\dfrac{\sqrt{3}-1}{2}+\dfrac{-\sqrt{3}-1}{2}=-1$

$\quad$ 두 근의 곱 : $b=\dfrac{\sqrt{3}-1}{2}\times\dfrac{-\sqrt{3}-1}{2}=-\dfrac{1}{2}$

**정답** $a=-1$, $b=-\dfrac{1}{2}$

---

**유제 22-1** 이차방정식 $2x^2-ax-b=0$의 한 근이 $2+\sqrt{3}$ 일 때, 유리수 $a$, $b$의 값을 구하시오.

**유제 22-2** 두 유리수 $a$, $b$에 대하여 이차방정식 $x^2+ax+2=0$의 한 근이 $b-\sqrt{2}$ 일 때, $ab$의 값을 구하시오.

이차방정식 $x^2 - 2ax + 2 = 0$의 한 근이 $1 + \sqrt{3}$일 때, 상수 $a$의 값을 구하시오.

**탐구**  유리계수 조건 無 → 켤레근 사용 불가

**풀이**  다른 한 근을 $\alpha$라 하고 근과 계수의 관계를 이용하면

두 근의 합 : $\alpha + 1 + \sqrt{3} = 2a$   $\cdots$ ①

두 근의 곱 : $(1 + \sqrt{3})\alpha = 2$   $\therefore \alpha = \dfrac{2}{1 + \sqrt{3}} = \sqrt{3} - 1$

$\alpha$의 값을 ①에 대입하여 $a$를 구하면

$$\sqrt{3} - 1 + 1 + \sqrt{3} = 2a \qquad \therefore a = \sqrt{3}$$

**정답**  $\sqrt{3}$

---

**유제 23-1**  이차방정식 $x^2 + ax + 3 = 0$의 한 근이 $1 - \sqrt{2}$일 때, 상수 $a$의 값을 구하시오.

**유제 23-2**  이차방정식 $x^2 + 3mx + 1 = 0$의 한 근이 $\sqrt{2} - 1$일 때, 상수 $m$의 값을 구하시오.

**강의**  실계수 방정식의 켤레근은 실계수 조건이 필요하다!

→ 허근은 고독하지 않다. → 실계수 방정식

$\quad \rightarrow a + bi\,(근) \rightleftarrows a - bi\,(근)$



이차방정식 $x^2 + ax + b = 0$의 한 근이 $2 + \sqrt{5}\,i$일 때, 실수 $a$, $b$의 값을 구하시오.

**탐구**  실계수 이차방정식의 한 근 $2 + \sqrt{5}\,i$ → 다른 한 근 $2 - \sqrt{5}\,i$

**풀이**  실계수 이차방정식의 한 근이 $2 + \sqrt{5}\,i$ 이므로 다른 한 근은 $2 - \sqrt{5}\,i$이다.

두 근의 합 : $-a = 2 + \sqrt{5}\,i + 2 - \sqrt{5}\,i = 4$   $\therefore a = -4$

두 근의 곱 : $b = (2 + \sqrt{5}\,i)(2 - \sqrt{5}\,i) = 4 + 5 = 9$   $\therefore b = 9$

**정답**  $a = -4,\ b = 9$

유제 24-1 $3-i$가 이차방정식 $x^2+px+q=0$ ($p$, $q$는 실수)의 근일 때, $p+q$의 값을 구하시오.

유제 24-2 두 실수 $a$, $b$에 대하여 이차방정식 $x^2-ax+b=0$의 한 근이 $1-\sqrt{2}\,i$일 때, $a^2+b^2$의 값을 구하시오.

기 | 본 | 예 | 제 **25**

이차방정식 $x^2-x+a=0$의 한 근이 $1+i$일 때, 상수 $a$의 값을 구하시오.

**탐구** 실계수 조건 無 → 켤레근 이용 불가

**풀이** 다른 한 근을 $\alpha$라 하고 근과 계수의 관계를 이용하면

두 근의 합 : $(1+i)+\alpha=1$ $\quad\therefore\ \alpha=-i$

두 근의 곱 : $(1+i)\alpha=a$ $\quad\cdots$ ①

$\alpha$의 값을 ①에 대입하여 $a$의 값을 구하면

$$(1+i)\times(-i)=a$$

$$\therefore\ a=1-i$$

**정답** $1-i$

유제 25-1 이차방정식 $x^2+ax-5=0$의 한 근이 $2-i$일 때, 상수 $a$의 값을 구하시오.

유제 25-2 이차방정식 $x^2+x+p=0$의 한 근이 $-1+i$일 때, 상수 $p$의 값을 구하시오.

→ 두 개 이상의 방정식을 동시에 만족시키는 미지수의 값을 **공통근**이라 한다.

## [1] 공통근을 구하는 방법

(1) 문자계수를 갖고 있지 않은 방정식인 경우

첫째, 인수분해한다.

둘째, 최대공약수 $G(x)=0$의 근을 구한다.

(2) 문자계수를 갖고 있는 방정식인 경우

첫째, 공통근을 $\alpha$로 놓는다.

둘째, 상수항 또는 이차항을 소거한다.

셋째, 인수분해하여 $\alpha$를 구한다.

## [2] 이차방정식의 공통근과 계수의 관계

두 이차방정식 $ax^2+bx+c=0$, $px^2+qx+r=0$에서

(1) 단 하나의 공통근을 가지려면 $bp-aq\neq0$이고, $\alpha=\dfrac{ar-cp}{bp-aq}$가 근이어야 한다.

(2) $\dfrac{a}{p}=\dfrac{b}{q}=\dfrac{c}{r}$일 때, 공통근 두 개를 갖는다.

**강의** **공통근 문제는 문자 계수가 있을 때, 이차항 또는 상수항을 소거하여 푼다!**

→ 2차항 or 상수항 소거

**기|본|예|제 26**

두 이차방정식 $x^2-(p-5)x+3p=0$과 $x^2+(p+1)x-3p=0$이 공통근을 가질 때, 상수 $p$의 값을 구하시오.

**탐구** 문자계수 방정식 → 이차항 또는 상수항을 소거한다.

**풀이** 공통근 $\alpha$ ; $\alpha^2-(p-5)\alpha+3p=0$ ⋯①

$\qquad\qquad\alpha^2+(p+1)\alpha-3p=0$ ⋯②

①+② ; $2\alpha^2+6\alpha=0$

$\qquad 2\alpha(\alpha+3)=0 \quad \alpha=0$ 또는 $\alpha=-3$

ⅰ) $\alpha=0$일 때, ①에서 $3p=0 \quad \therefore\ p=0$

ⅱ) $\alpha=-3$일 때, ①에서 $9+3p-15+3p=0 \quad 6p=6 \quad \therefore\ p=1$

**정답** ⅰ) $\alpha=0$일 때, $p=0$ ⅱ) $\alpha=-3$일 때, $p=1$

 두 이차방정식 $x^2+(k-3)x+2=0$과 $x^2+kx-1=0$이 공통근을 가질 때, 상수 $k$의 값을 구하시오.

 두 이차방정식 $x^2+px+2=0$과 $x^2+2x+p=0$이 단 하나의 공통근을 가질 때, 상수 $p$와 공통근을 구하시오.

---

**강의** **이차방정식이 두 개의 공통근을 가지면 계수의 비가 같다.**

$$\begin{cases} ax^2+bx+c=0 \\ a'x^2+b'x+c'=0 \end{cases} \rightarrow \text{두 개의 공통근} \rightarrow \frac{a}{a'}=\frac{b}{b'}=\frac{c}{c'}$$

## 기 | 본 | 예 | 제 27

$x$에 대한 두 이차방정식 $mx^2+x+m^2=0$, $mx^2+m^2x+1=0$이 두 개의 공통근을 가질 때, 상수 $m$의 값을 구하시오.

**탐구** 두 개의 공통근을 가질 조건 : $\begin{cases} ax^2+bx+c=0 \\ a'x^2+b'x+c'=0 \end{cases} \rightarrow \frac{a}{a'}=\frac{b}{b'}=\frac{c}{c'}$

**풀이** 두 개의 공통근을 가질 조건을 구하면

$$\frac{m}{m}=\frac{1}{m^2}=\frac{m^2}{1} \ (단, \ m \neq 0)$$

$$m^4=1 \quad m^2=1 \quad \therefore \ m=\pm 1$$

**정답** $\pm 1$

---

 $x$에 대한 두 이차방정식 $ax^2+bx+c=0$과 $x^2-2x+2=0$이 두 개의 공통근을 가진다고 할 때, 상수 $a$, $b$, $c$에 대하여 $a:b:c$의 값을 구하시오.

 $x$에 대한 두 이차방정식 $kx^2+2x-2-k=0$과 $2x^2+3kx+x-6=0$이 두 개의 공통근을 가질 때, 상수 $k$의 값을 구하시오.

# 반복학습 기록란.

가장 좋은 학습방법은 학교에서나 학원에서나 선생님의 강의를 열심히 듣고 여러 번 반복학습하는 것입니다.
지금부터 당장 선생님의 강의를 열심히 듣고 반복! 반복하십시오. 그러면 곧 모든 과목에 자신이 생길 것입니다.

| 회수 | 시작이 반! | | | 끝을 봐야! | | | 확인 |
|---|---|---|---|---|---|---|---|
| 제1회 | 년 | 월 | 일 부터 | 년 | 월 | 일 까지 | |
| 제2회 | 년 | 월 | 일 부터 | 년 | 월 | 일 까지 | |
| 제3회 | 년 | 월 | 일 부터 | 년 | 월 | 일 까지 | |
| 제4회 | 년 | 월 | 일 부터 | 년 | 월 | 일 까지 | |
| 제5회 | 년 | 월 | 일 부터 | 년 | 월 | 일 까지 | |
| 제6회 | 년 | 월 | 일 부터 | 년 | 월 | 일 까지 | |
| 제7회 | 년 | 월 | 일 부터 | 년 | 월 | 일 까지 | |
| 제8회 | 년 | 월 | 일 부터 | 년 | 월 | 일 까지 | |
| 제9회 | 년 | 월 | 일 부터 | 년 | 월 | 일 까지 | |
| 제10회 | 년 | 월 | 일 부터 | 년 | 월 | 일 까지 | |

▶ 연습문제 A는 앞에서 배운 기초 단계의 문제이므로 선생님의 도움 없이 스스로 풀어 자신의 실력을 점검해 보도록 하자.

**01** $2(x-3)=2x-6$을 푸시오.

**02** $\sqrt{2}\,x+\sqrt{3}=\sqrt{3}\,x-\sqrt{2}$를 푸시오.

**03** 방정식 $(m^2-8)x-4=m(1-2x)$의 근이 존재할 때, 상수 $m$의 값의 조건을 구하시오.

**04** 다음 방정식을 푸시오.
(1) $|x-2|=3$  (2) $|x-2|=x-3$

**05** $|x-2|+|2x-1|=2$을 푸시오.

**06** $(x-a)(x-b)=0$의 근을 바르게 구한 것을 모두 고르시오.
① $x=a$이고 $x=b$이다.  ② $x=a$ 또는 $x=b$이다.
③ $x=a$이고 $x\neq b$이다.  ④ $x\neq a$이고 $x=b$이다.
⑤ $x=a,\ x=b$ 중 적어도 하나는 성립한다.

**07** 다음 이차방정식을 푸시오.

(1) $x^2 - 2x - 3 = 0$　　　　(2) $x^2 - 2x + 3 = 0$　　　　(3) $x^2 + 3x - 2 = 0$

**08** 방정식 $mx^2 + mx + x + 1 = 0$을 푸시오.

**09** $x$에 대한 이차방정식 $ax^2 - (a^2 + 1)x - (2a + 1) = 0$의 한 근이 $-1$일 때, 실수 $a$의 값과 다른 한 근을 구하시오.

**10** 다음 방정식을 푸시오.

(1) $x^2 - 2|x| - 3 = 0$　　　　　　　　(2) $(x+2)|x-2| = 3x$

**11** $(2 + \sqrt{3})x^2 + (1 + \sqrt{3})x - 2(5 + 3\sqrt{3}) = 0$의 유리근을 구하시오.

**12** 이차방정식 $(\sqrt{2} - 1)x^2 - (3 - \sqrt{2})x + \sqrt{2} = 0$의 두 근을 $\alpha$, $\beta$라 할 때 $|\alpha - \beta|$의 값을 구하시오.

**13** 이차방정식 $(1 + 2i)x^2 - (1 - 3i)x - 5i = 0$의 실근을 구하시오. (단, $i = \sqrt{-1}$)

**14** 이차방정식 $(1-i)x^2+2ix-4i=0$을 푸시오.

**15** $x$에 대한 이차방정식 $x^2+2(1-k)x+(k+5)=0$이 서로 다른 두 실근을 갖게 하는 $k$의 값의 범위를 구하시오.

**16** $x$에 대한 이차방정식 $x^2-2(k-a)x+k^2+a^2-b+1=0$이 실수 $k$의 값에 관계없이 중근을 가질 때, 상수 $a$, $b$의 값을 구하시오.

**17** $x$에 대한 이차식 $x^2-ax+a-1$이 완전제곱식이 될 때, 실수 $a$의 값을 구하시오.

**18** 이차방정식 $x^2-(a+i)x+2+bi=0$가 중근을 가질 때, 실수 $a$, $b$의 값을 구하시오.

**19** $x^2+3x+1=0$의 두 근을 $\alpha$, $\beta$라 할 때, 다음 식의 값을 구하시오.
(1) $\alpha^2+\beta^2$
(2) $\alpha^3+\beta^3$
(3) $\alpha-\beta$

**20** 이차방정식 $x^2+ax+b=0$의 두 근이 $1$, $-2$일 때, 이차방정식 $2x^2+(a+b)x+b=0$의 두 근의 합을 구하시오. (단, $a$, $b$는 실수)

**21** 이차방정식 $x^2+px+q=0$의 두 근을 $\alpha$, $\beta$라 할 때, 이차방정식 $x^2-px+2q=0$의 두 근은 $\alpha-1$, $\beta-1$이다. 이때 실수 $p$, $q$의 값을 구하시오.

**22** $x$에 대한 이차방정식 $(m^2+1)x^2-4mx+2=0$이 양의 두 근을 가지며 한 근은 다른 한 근의 3배와 같다고 할 때, 실수 $m$의 값을 구하시오.

**23** 이차방정식 $(m-1)x^2-(m+3)x+6=0$의 한 근이 다른 한 근보다 1 크다고 할 때, 실수 $m$의 값을 구하시오.

**24** 이차방정식 $f(x)=0$의 두 근의 합이 4일 때, 이차방정식 $f(2x+1)=0$의 두 근의 합을 구하시오.

**25** 이차방정식 $2x^2-x+1=0$의 두 근을 $\alpha$, $\beta$라 할 때, $\dfrac{1}{\alpha}$, $\dfrac{1}{\beta}$을 두 근으로 하는 이차항의 계수가 1인 이차방정식을 구하시오.

**26** 정아와 은지가 이차방정식 $x^2+ax+b=0$을 풀었다. 정아는 $a$를 잘못 보고 풀어 1, $-8$의 두 근을 얻었고 은지는 $b$를 잘못 보고 풀어 $1+2i$, $1-2i$의 두 근을 얻었다면 처음 이차방정식을 구하시오.

**27** 이차방정식 $2x^2 - ax - b = 0$의 한 근이 $2 + \sqrt{3}$일 때, 유리수 $a$, $b$의 값을 구하시오.

**28** 이차방정식 $x^2 - 2ax + 2 = 0$의 한 근이 $1 + \sqrt{3}$일 때, 상수 $a$의 값을 구하시오.

**29** $3 - i$가 이차방정식 $x^2 + px + q = 0$ $(p, q$는 실수$)$의 근일 때, $p + q$의 값을 구하시오.

**30** 이차방정식 $x^2 - x + a = 0$의 한 근이 $1 + i$일 때, 상수 $a$의 값을 구하시오.

**31** 두 이차방정식 $x^2 - (p-5)x + 3p = 0$과 $x^2 + (p+1)x - 3p = 0$이 공통근을 가질 때, 상수 $p$의 값을 구하시오.

**32** $x$에 대한 두 이차방정식 $mx^2 + x + m^2 = 0$, $mx^2 + m^2x + 1 = 0$이 두 개의 공통근을 가질 때, 상수 $m$의 값을 구하시오.

▶ 연습문제 B는 앞에서 배운 문제 중 응용단계의 문제이므로 연습장에 스스로 풀어보고 잘 풀리지 않으면 처음부터 다시 공부한 후 자신이 있을 때 다시 풀어 보도록 하자.

**01** $x$에 대한 방정식 $(a^2+3)x-1=a(4x-1)$이 불능일 때, $a$의 값을 구하시오.

**02** 방정식 $a^2x+1=a(x+1)$의 근이 무수히 많을 때, 상수 $a$의 값을 구하시오.

**03** 다음 방정식을 푸시오.
(1) $|2x-6|=4$         (2) $|2x-6|=3x+4$

**04** $|x+1|+|x-2|=3x+2$을 푸시오.

**05** 다음 설명 중 옳지 않은 것을 고르시오.
① $x^2=4$의 두 근은 $x=\pm 2$이다.
② $x=\pm 2$는 $x=2$ 또는 $x=-2$를 의미한다.
③ $x^2=5$의 두 근은 $x=\pm\sqrt{5}$이다.
④ $x=\pm\sqrt{5}$는 $x=\sqrt{5}$이고 $x=-\sqrt{5}$를 의미한다.
⑤ $(x-3)^2=0$의 근 $x=3$은 두 근이 겹쳐있어 중근이라 한다.

**06** $3x^2-2ax-a^2$을 푸시오. (단, $a$는 상수)

**07**  이차방정식 $kx^2+(1-k)x-1=0$을 푸시오.

**08**  이차방정식 $x^2-ax+3a-2=0$의 두 근이 2, $b$일 때, 실수 $a$, $b$에 대하여 $2a-b$의 값을 구하시오.

**09**  $x^2+|x|=\sqrt{(x+1)^2}+3$을 푸시오.

**10**  $(1+2\sqrt{2})x^2+(1+3\sqrt{2})x-2(1+\sqrt{2})=0$의 유리근을 구하시오.

**11**  이차방정식 $(\sqrt{3}+1)x^2+(8+2\sqrt{3})x+(5\sqrt{3}+3)=0$의 두 근을 $\alpha$, $\beta$라 할 때, $2\alpha-\beta$의 값을 구하시오. (단, $\alpha>\beta$)

**12**  이차방정식 $(2+i)x^2-(5-4i)x+2-12i=0$의 실근을 구하시오.

**13**  이차방정식 $(2-3i)x^2-2(2+i)x+i=0$을 푸시오.

**14**   $x$에 대한 이차방정식 $ax^2+4x-2=0$이 실근을 가질 때, 실수 $a$의 값의 범위를 구하시오.


**15**   $x$에 대한 이차방정식 $x^2+(2k+a)x+k^2+2k+b=0$이 실수 $k$의 값에 관계없이 중근을 가질 때, 상수 $a$, $b$에 대하여 $a-b$의 값을 구하시오.


**16**   $x$에 대한 이차식 $x^2+(k-1)x-2k-1$이 완전제곱식이 될 때, 실수 $k$의 값과 그때의 근을 구하시오.


**17**   이차방정식 $x^2+(a+2i)x+b+4i=0$이 중근을 가질 때, 실수 $a$, $b$에 대하여 $a+b$의 값을 구하시오.


**18**   이차방정식 $x^2-2x+2=0$의 두 근을 $\alpha$, $\beta$라 할 때, $(\alpha-3\beta+1)(\beta-3\alpha+1)$의 값을 구하시오.


**19**   이차방정식 $ax^2+x+2b=0$의 두 근이 $1$, $-\dfrac{1}{2}$일 때, 이차방정식 $(a+b)x^2+ax-b=0$의 두 근의 곱을 구하시오.


**20**   이차방정식 $x^2-(a-3)x+3=0$의 두 근을 $\alpha$, $\beta$라 할 때, $\alpha^2+\beta^2=\alpha\beta$가 되는 양수 $a$의 값을 구하시오.

**21** 이차방정식 $x^2 + (m-6)x - 12 = 0$의 두 근의 절댓값의 비가 $3:1$이 되게 하는 실수 $m$의 값을 구하시오.

**22** 이차방정식 $x^2 + 2kx + 15 = 0$의 두 근의 차가 2일 때, 실수 $k$의 값과 그 때의 근을 구하시오.

**23** 이차방정식 $f(x) = 0$의 두 근 $\alpha$, $\beta$에 대하여 $\alpha + \beta = 5$, $\alpha\beta = -3$일 때, 이차방정식 $f(3x+2) = 0$의 두 근의 곱을 구하시오.

**24** 이차방정식 $x^2 + 3x + 1 = 0$의 두 근을 $\alpha$, $\beta$라 할 때, $\alpha^2 + \dfrac{1}{\beta}$, $\beta^2 + \dfrac{1}{\alpha}$을 두 근으로 하는 이차방정식을 구하시오. (단, 이차항의 계수는 1이다.)

**25** 석진, 윤기 두 명이 이차방정식 $ax^2 + bx + c = 0$을 풀었다. 석진이는 $b$를 잘못 보고 풀어 2와 3이라는 근을 얻었고, 윤기는 $c$를 잘못 보고 풀어 1과 4라는 근을 얻었다. 처음 이차방정식의 해를 구하시오.

**26** 이차식 $6x^2 - 5x + 2$를 근의 공식을 이용하여 복소수 범위에서 인수분해하시오.

**27** 이차방정식 $x^2-ax+b=0$의 한 근이 $\dfrac{\sqrt{3}-1}{2}$일 때, 유리수 $a$, $b$의 값을 구하시오.

**28** 이차방정식 $x^2+ax+3=0$의 한 근이 $1-\sqrt{2}$일 때, 상수 $a$의 값을 구하시오.

**29** 이차방정식 $x^2+ax+b=0$의 한 근이 $2+\sqrt{5}\,i$일 때, 실수 $a$, $b$의 값을 구하시오.

**30** 이차방정식 $x^2+ax-5=0$의 한 근이 $2-i$일 때, 상수 $a$의 값을 구하시오.

**31** 두 이차방정식 $x^2+px+2=0$과 $x^2+2x+p=0$이 단 하나의 공통근을 가질 때, 상수 $p$와 공통근을 구하시오.

**32** $x$에 대한 두 이차방정식 $kx^2+2x-2-k=0$과 $2x^2+3kx+x-6=0$이 두 개의 공통근을 가질 때, 상수 $k$의 값을 구하시오.

# Ⅲ 이차함수

**PART 01.** 이차함수의 그래프

**PART 02.** 이차함수의 활용

# PART 01

## 이차함수의 그래프

◆ 중·고교 연결과정 선수학습
1 이차함수의 그래프
◆ 반복학습 기록란
◆ 연습문제 (A)(B)

명언

자신을 가장 빨리 변화시키는 방법은
당신이 되고 싶은 모습을 하고 있는 사람들과 어울리는 것이다.
- 리드 호프만 -

## 1 일차함수의 그래프

→ 함수 $y = f(x)$에서 $f(x)$가 $x$에 대한 일차식일 때, 이 함수를 **일차함수**라 한다.
$(x_1,\ y_1),\ (x_2,\ y_2)$는 $y = f(x)$ 위의 점, $\theta$는 $y = f(x)$가 $x$축의 양의 방향과 이루는 각이라 하자.

### [1] 기본형 $y = ax$의 그래프

→ 기울기가 $a$이고 원점을 지나는 직선이다.

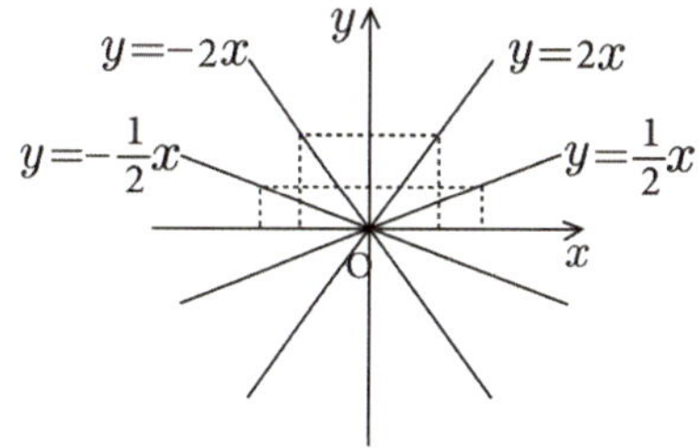

(1) $a$ : 기울기(방향계수) $= \dfrac{y_2 - y_1}{x_2 - x_1} = \tan\theta$

　① $a > 0$ : 우측 방향으로 올라간다. → 증가함수
　② $a < 0$ : 우측 방향으로 내려간다. → 감소함수
　③ $a = 0$ : $y = 0\,(x$축$)$

(2) $|a|$의 값이 클수록 그래프가 $y$축에 가깝다.

### [2] 표준형 $y = ax + b$의 그래프

→ 기울기가 $a$이고 $y$절편이 $b$인 직선이다.

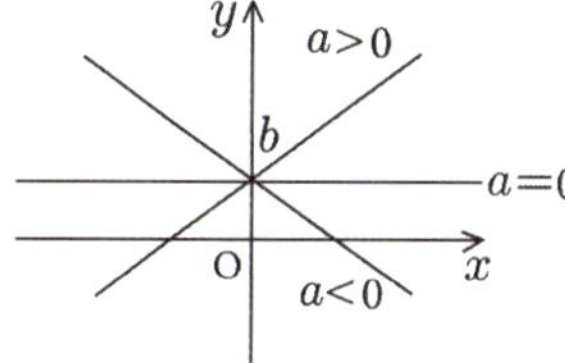

(1) $b$가 일정하고 $a$가 변할 때
　① $a > 0$ : 우측 방향으로 올라간다. → 증가함수
　② $a < 0$ : 우측 방향으로 내려간다. → 감소함수
　③ $a = 0$ : $y = b\,(x$축에 평행한 직선$)$

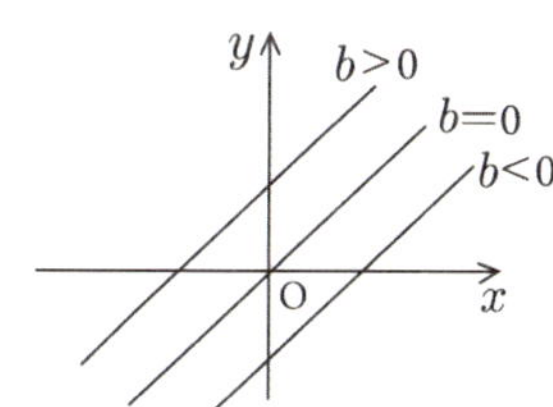

(2) $a$가 일정하고 $b$가 변할 때
　① $b > 0$ : $y > 0$인 $y$축 위의 점을 지난다.
　② $b < 0$ : $y < 0$인 $y$축 위의 점을 지난다.
　③ $b = 0$ : $y = 0$인 원점을 지난다.

### [3] 일반형 $ax + by + c = 0$의 그래프

(1) $a \neq 0,\ b \neq 0$일 때, $y = -\dfrac{a}{b}x - \dfrac{c}{b}$

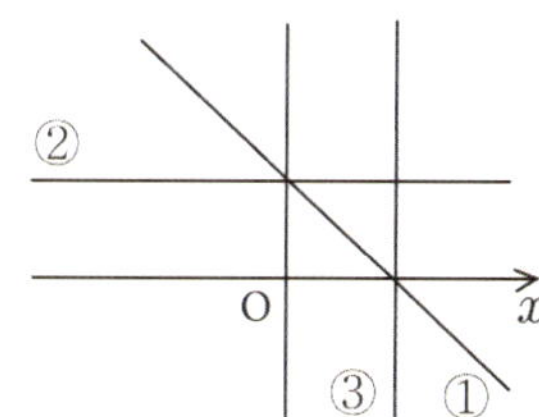

　→ 기울기 $-\dfrac{a}{b}$, $y$절편 $-\dfrac{c}{b}$인 직선이다.

(2) $a = 0,\ b \neq 0$일 때, $y = -\dfrac{c}{b}$

　→ $y$절편 $-\dfrac{c}{b}$인 $x$축에 평행한 직선이다.

(3) $a \neq 0,\ b = 0$일 때, $x = -\dfrac{c}{a}$

　→ $x$절편 $-\dfrac{c}{a}$인 $y$축에 평행한 직선이다.

> **체크** 불가능한 일차함수의 그래프
> ① $y = ax + b \Rightarrow y$축에 평행한 그래프는 불가능하다.
> ② $x = ay + b \Rightarrow x$축에 평행한 그래프는 불가능하다.
> ③ $ax + by + c = 0 \Rightarrow$ 모든 형태의 직선이 가능하다.

**강의** 일차함수의 그래프의 생명은 기울기와 절편이다!

① 기울기 연구

$$\to \quad a = \frac{\triangle y}{\triangle x} = \frac{y_2 - y_1}{x_2 - x_1} = \tan\theta$$

(길이)　(두 점)　(양각)

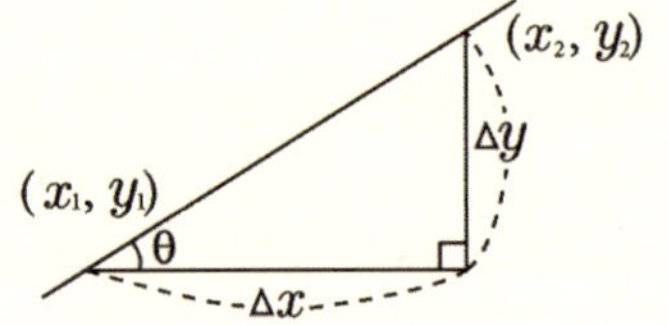

② $y$절편 연구

$\to$ 반대로 $x = 0$ 대입

$\to$ $y = ax + b$ ; $x = 0 \to y = b$

$\to$ $y$절편 ; $(0,\ b)$

**주의** 불가능한 일차함수의 그래프

$\to$ $ax + by + c = 0$ ; 모든 직선 가능

① $y = ax + b \to y$축 평행선 불가능

② $x = ay + b \to x$축 평행선 불가능

## 기 | 본 | 예 | 제 01

직선 $(3-a)x + y + 2 + b = 0$이 $x$축의 양의 방향과 이루는 각이 $45°$이고 $y$절편이 $-1$일 때, 상수 $a$, $b$의 값을 구하시오.

**탐구**　$y = ax + b$의 그래프 $\to$ ① 기울기 $a = \tan\theta$
　　　　　　　　　　　　　　② $y$절편 $(0,\ b)$

**풀이**　$y = (a-3)x - 2 - b$로 변형하면

기울기 $a - 3 = \tan 45°$　　　$a - 3 = 1$　　　$\therefore\ a = 4$

$\therefore\ y = x - 2 - b$　　　　$\cdots$ ①

$y$절편이 $-1$이므로 $(0,\ -1)$을 ①에 대입하여 $b$의 값을 구하면

$-2 - b = -1$　　　$\therefore\ b = -1$

**정답**　$a = 4,\ b = -1$

**유제 01-1** 직선 $2x+ay+b=0$ 위의 임의의 두 점에서 $x$의 값의 증가량이 2일 때, $y$의 값의 증가량이 $-1$이고 $y$절편은 1이라 한다. 이때 상수 $a$, $b$의 값을 구하시오.

**유제 01-2** 직선 $mx+ny+1=0$이 두 점 $(-2, 0)$, $(1, 2)$를 지날 때, 이 직선의 $y$절편을 구하시오. (단, $m$, $n$은 상수)

---

**강의** **일차함수의 식은 반대로 사고하는 것이 필요하다!**

(1) 좌표축과 축에 평행한 직선

  ① $x$축, $x$절편 → 반대로 $y=0$

  ② $y$축, $y$절편 → 반대로 $x=0$

  ③ $x$축에 평행한 직선 → 반대로 $y=$상수

  ④ $y$축에 평행한 직선 → 반대로 $x=$상수

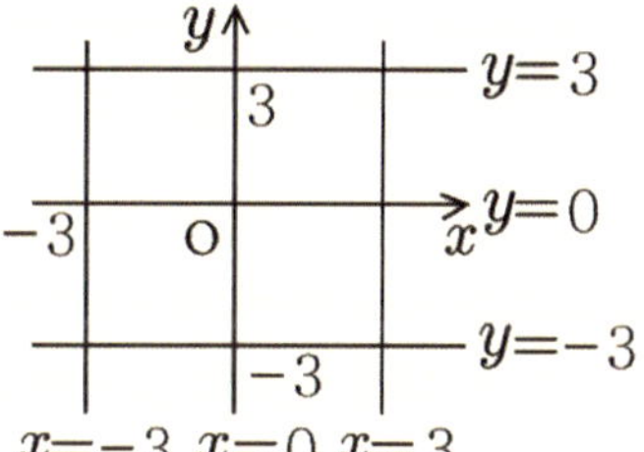


(2) 기본형과 절편형

  → 기본형 $y=ax$ $\begin{cases} x절편 \quad b \;\to\; y=a(x-b) \\ y절편 \quad b \;\to\; y-b=ax \end{cases}$

**주의** $x$절편 $a$, $y$절편 $b$인 직선 → $\dfrac{x}{a}+\dfrac{y}{b}=1$

---

## 기|본|예|제 02

다음 직선의 방정식을 구하시오.

(1) 점 $(2, 0)$을 지나고 $y$축에 평행한 직선

(2) 직선 $y=-x+1$과 평행하고 점 $(0, -3)$을 지나는 직선

**탐구** ① $(a, 0)$ 지나고 $y$축 평행 → 반대로 $x=a$

    ② 직선 $y=mx+n$과 평행 → 기울기 $m$

**풀이** (1) 점 $(2, 0)$을 지나고 $y$축에 평행한 직선이므로

      $x=2$

  (2) 직선 $y=-x+1$과 평행하므로 구하는 직선의 기울기는 $-1$이고, 점 $(0, -3)$을 지나므로 $y$절편은 $-3$이다.

      $\therefore y=-x-3$

**정답** (1) $x=2$     (2) $y=-x-3$

**유제 02-1** 다음 직선의 방정식을 구하시오.

(1) 점 $(2, -7)$을 지나고 $x$축에 평행한 직선

(2) 직선 $y = 2x + 5$와 평행하고 점 $(-2, 0)$을 지나는 직선

**유제 02-2** 다음 직선의 방정식을 구하시오.

(1) 점 $(3, 4)$를 지나고 $y$축에 수직인 직선

(2) $x$절편이 1, $y$절편이 2인 직선

---

**강의** 일차함수 문제는 기울기와 $y$절편을 이용한다!

$$\rightarrow ax + by + c = 0 \rightarrow y = -\frac{a}{b}x - \frac{c}{b}$$

① 기울기 $-\dfrac{a}{b}$          ② $y$절편 $-\dfrac{c}{b}$

---

### 기│본│예│제 03

직선 $ax + by + c = 0$은 다음의 각 경우에 제 몇 사분면을 지나는지 말하시오.

(1) $a = 0,\ bc < 0$　　　　　　　　(2) $ab > 0,\ bc < 0$

**탐구** $ax + by + c = 0 \rightarrow y = -\dfrac{a}{b}x - \dfrac{c}{b} \rightarrow$ 기울기 $-\dfrac{a}{b}$, $y$절편 $-\dfrac{c}{b}$

**풀이** (1) $a = 0$이면 $y = -\dfrac{c}{b}$

이 직선은 $y$절편이 $-\dfrac{c}{b} > 0$이고 $x$축에 평행한

직선이므로 제 1, 2 사분면을 지난다.

(2) $ab > 0$이면 기울기 $-\dfrac{a}{b} < 0$, $bc < 0$이면 $y$절편 $-\dfrac{c}{b} > 0$인

직선이므로 제 1, 2, 4 사분면을 지난다.

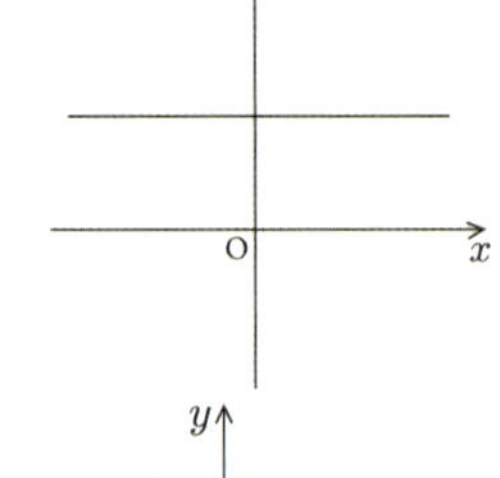

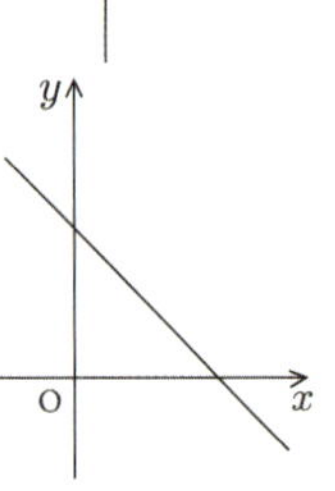

**정답** (1) 제 1, 2 사분면　　(2) 제 1, 2, 4 사분면

---

**유제 03-1** 직선 $ax + by + c = 0$은 다음의 각 경우에 제 몇 사분면을 지나는지 말하시오.

(1) $ab > 0,\ c = 0$　　　　　　　　(2) $ab < 0,\ bc < 0$

**유제 03-2** $ac < 0,\ b = 0$일 때, 직선 $ax + by + c = 0$이 지나는 사분면을 말하시오.

# 이차함수의 그래프

## 1 이차함수의 그래프

### [1] 기본형 $y = ax^2$의 그래프

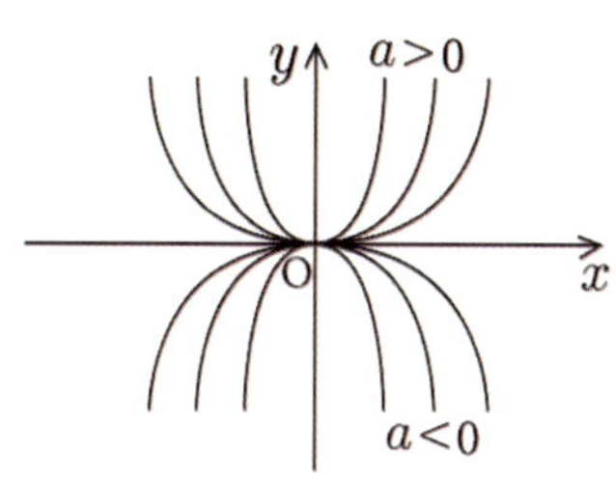


(1) 꼭짓점 : $(0,\ 0)$

(2) 대칭축 : $y$축 $(x = 0)$

(3) 꼴잡이 : $a$

  ① $a > 0$일 때 → 아래로 볼록하다. ($\cup$꼴)

  ② $a < 0$일 때 → 위로 볼록하다. ($\cap$꼴)

  ③ $|a|$의 값이 클수록 그래프의 폭이 좁아진다.

### [2] 표준형 $y = a(x - m)^2 + n\,(a \neq 0)$의 그래프

→ $y = ax^2$의 그래프를 $x$축으로 $m$만큼, $y$축으로 $n$만큼 평행이동한 그래프이다.

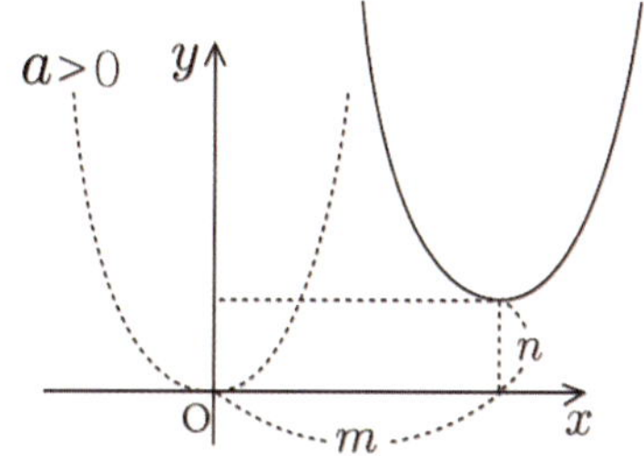


(1) 꼭짓점 : $(m,\ n)$

(2) 대칭축 : $x = m$

(3) 꼴잡이 : $a$

  ① $a > 0$일 때 → 아래로 볼록하다. ($\cup$꼴)

  ② $a < 0$일 때 → 위로 볼록하다. ($\cap$꼴)

  ③ $|a|$의 값이 클수록 그래프의 폭이 좁아진다.

### [3] 일반형 $y = ax^2 + bx + c\,(a \neq 0)$의 그래프

→ $y = a\left(x + \dfrac{b}{2a}\right)^2 - \dfrac{b^2 - 4ac}{4a}$

→ $y = ax^2$의 그래프를 $x$축으로 $-\dfrac{b}{2a}$만큼, $y$축으로 $-\dfrac{b^2 - 4ac}{4a}$만큼 평행이동한 그래프이다.

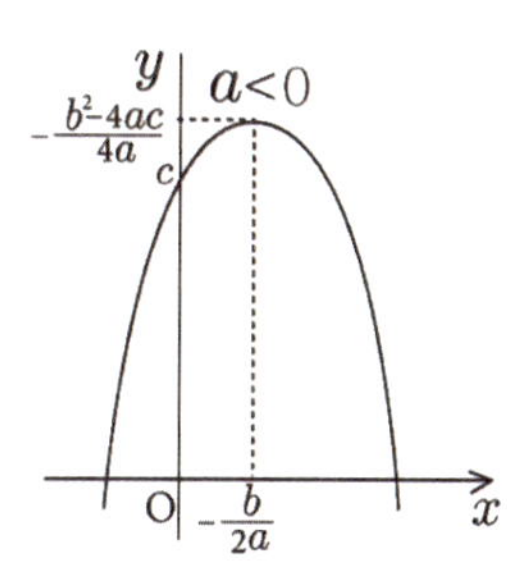


(1) 꼭짓점 : $\left(-\dfrac{b}{2a},\ -\dfrac{b^2 - 4ac}{4a}\right)$

(2) 대칭축 : $x = -\dfrac{b}{2a}$

(3) $y$절편 : $(0,\ c)$

(4) 꼴잡이 : $a$

  ① $a > 0$일 때 → 아래로 볼록하다. ($\cup$꼴)

  ② $a < 0$일 때 → 위로 볼록하다. ($\cap$꼴)

  ③ $|a|$의 값이 클수록 그래프의 폭이 좁아진다.

→ $y = ax^2 + bx + c \rightarrow y = a\left(x + \dfrac{b}{2a}\right)^2 - \dfrac{D}{4a}$ (단, $D = b^2 - 4ac$)

① $a > 0 \rightarrow \cup$ 꼴

   $a < 0 \rightarrow \cap$ 꼴

② 꼭짓점 $\left(-\dfrac{b}{2a},\ -\dfrac{D}{4a}\right)$

③ 대칭축 $x = -\dfrac{b}{2a}$

**주의** 이차함수의 생명 → 꼭짓점

① 기본형 $y = ax^2 \rightarrow$ 꼭짓점 $(0,\ 0)$, 대칭축 $x = 0$

② 이동형 $y = a(x - m)^2 + n \rightarrow$ 꼭짓점 $(m,\ n)$, 대칭축 $x = m$

③ 일반형 $y = ax^2 + bx + c \rightarrow$ 꼭짓점 $\left(-\dfrac{b}{2a},\ -\dfrac{D}{4a}\right)$, 대칭축 $x = -\dfrac{b}{2a}$

---

## 기 | 본 | 예 | 제 01

다음 이차함수의 꼭짓점의 좌표와 대칭축을 차례로 쓰시오.

(1) $y = -2x^2$        (2) $y = 2x^2 - 3$        (3) $y = 2(x - 3)^2 + 5$

**탐구**   $y = a(x - p)^2 + q$의 꼭짓점의 좌표는 $(p,\ q)$이고, 대칭축은 $x = p$이다.

**풀이**   (1) $y = -2x^2 \rightarrow$ 꼭짓점 $(0,\ 0)$, 대칭축 $x = 0$

     (2) $y = 2x^2 - 3 \rightarrow$ 꼭짓점 $(0,\ -3)$, 대칭축 $x = 0$

     (3) $y = 2(x - 3)^2 + 5 \rightarrow$ 꼭짓점 $(3,\ 5)$, 대칭축 $x = 3$

**정답**   (1) $(0,\ 0)$, $x = 0$     (2) $(0,\ -3)$, $x = 0$     (3) $(3,\ 5)$, $x = 3$

---

**유제 01-1**   다음 이차함수의 꼭짓점의 좌표와 대칭축을 구하시오.

     (1) $y = -(x + 2)^2$        (2) $y = 2x^2 - 8x + 12$

**유제 01-2**   다음 이차함수의 꼭짓점의 좌표와 대칭축, $y$절편을 구하시오.

     $y = 3x^2 + 9x + 7$

## [1] $a \rightarrow$ 그래프의 모양 결정

(1) $a > 0$ : 아래로 볼록하다. ($\cup$꼴)

(2) $a < 0$ : 위로 볼록하다. ($\cap$꼴)

(3) $|a|$의 값이 클수록 그래프의 폭이 좁아진다.

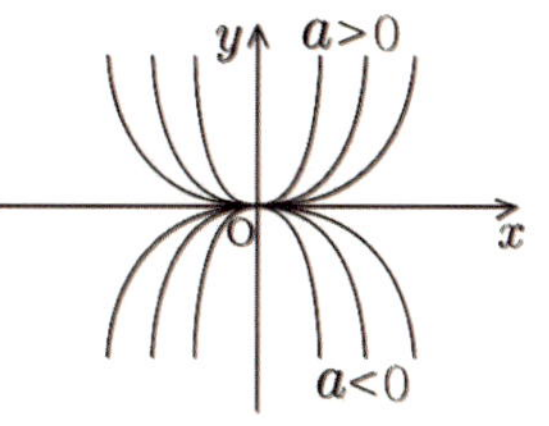

## [2] $b \rightarrow$ 대칭축의 위치 결정

(1) $ab > 0$ : 대칭축은 $y$축의 좌측에 있다.

(2) $ab < 0$ : 대칭축은 $y$축의 우측에 있다.

(3) $ab = 0$ : 대칭축은 $x = 0\,(y$축)이다.

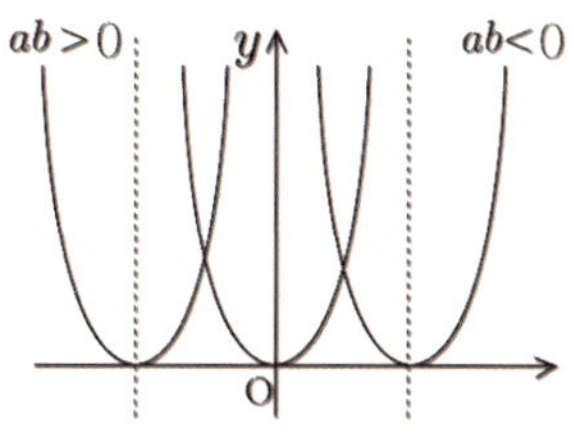

## [3] $c \rightarrow$ 그래프의 $y$절편 결정

(1) $c > 0$ : $y > 0$인 $y$축 위의 점을 지난다.

(2) $c < 0$ : $y < 0$인 $y$축 위의 점을 지난다.

(3) $c = 0$ : $y = 0$인 원점을 지난다.

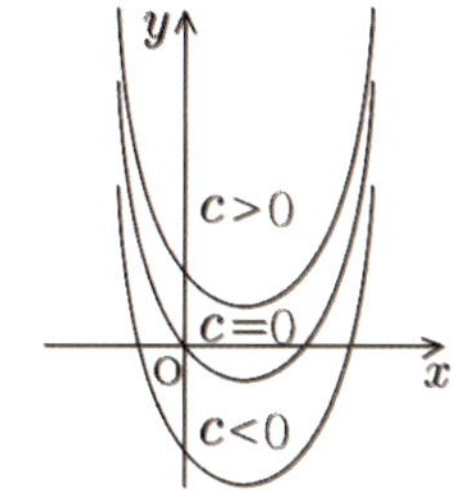

---

**강의** $y = ax^2 + bx + c$의 그래프는 계수의 역할에 주목하라!

① $a \rightarrow$ 꼴잡이

② $b \rightarrow$ 대칭축

③ $c \rightarrow$ $y$절편

➜ 대칭축 $x = -\dfrac{b}{2a}$ (반대현상)

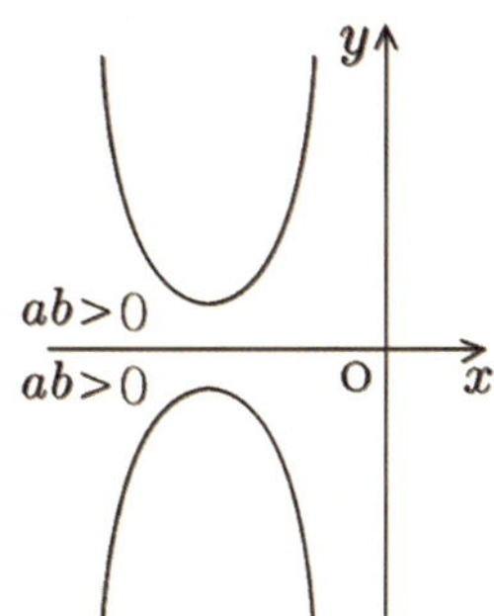

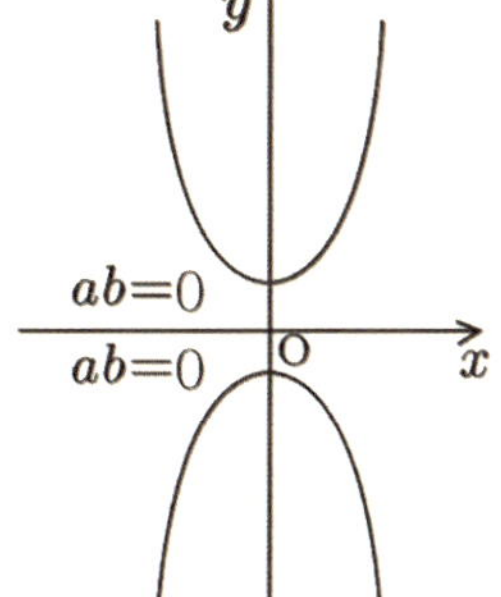

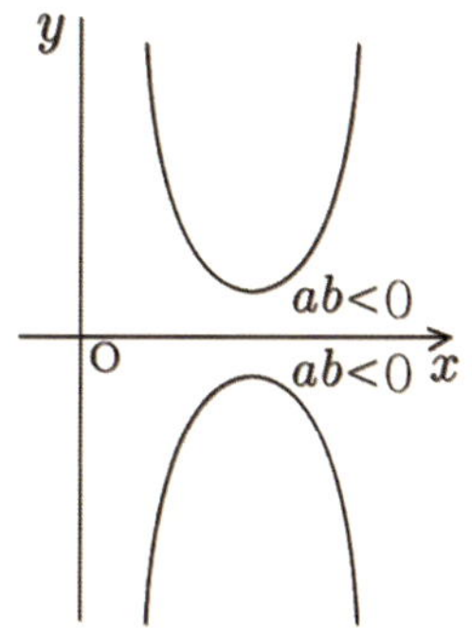

$y=ax^2+bx+c$의 그래프가 오른쪽 그림과 같을 때,

**계수 $a$, $b$, $c$의 부호를 판정하시오.**

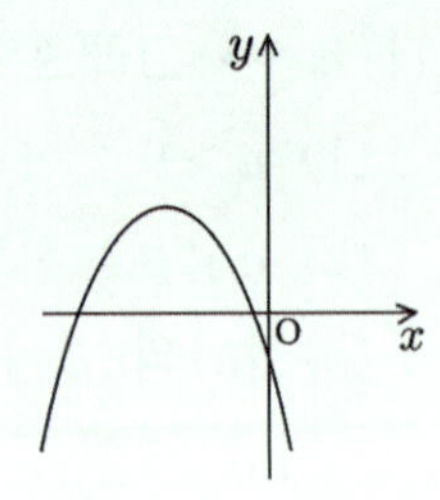

**탐구** $\quad y=ax^2+bx+c$에서 $a$ : 꼴잡이, $b$ : 대칭축, $c$ : $y$절편

**풀이** $\quad$ 주어진 이차함수의 그래프에서

$\quad\quad$ ⅰ) 위로 볼록이므로 $a<0$

$\quad\quad$ ⅱ) 대칭축 $x=-\dfrac{b}{2a}<0$이므로 $ab>0$ $\quad\therefore\ b<0$

$\quad\quad$ ⅲ) $y$절편$<0$이므로 $c<0$

**정답** $\quad a<0,\ b<0,\ c<0$

---

**유제 02-1** $\quad$ 이차함수 $y=ax^2+bx+c$의 그래프가 오른쪽 그림과 같을 때, 함수 $y=cx^2-bx+a$의 개형으로 맞는 것을 고르시오.

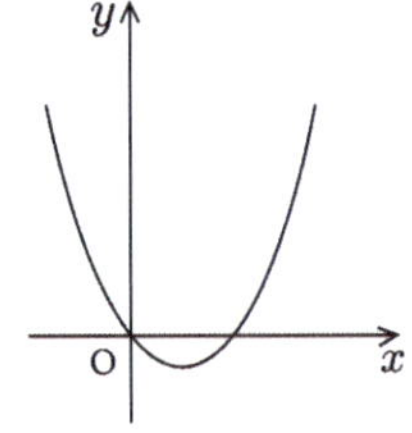

① 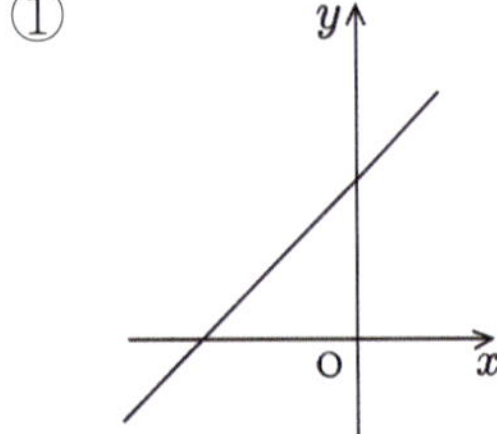 $\quad\quad$ ② 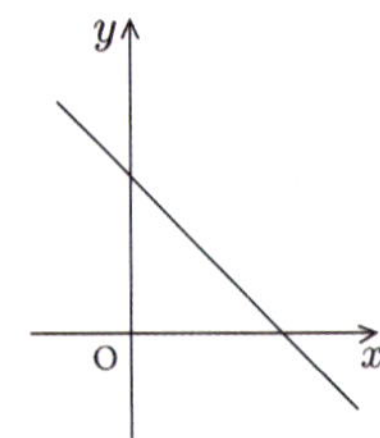

③ 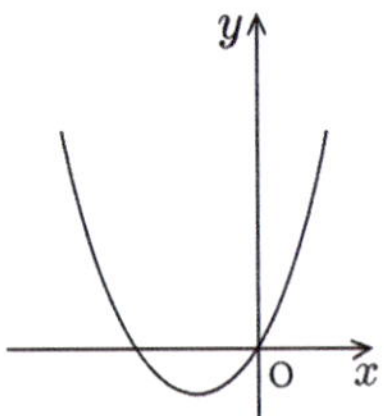 $\quad\quad$ ④ 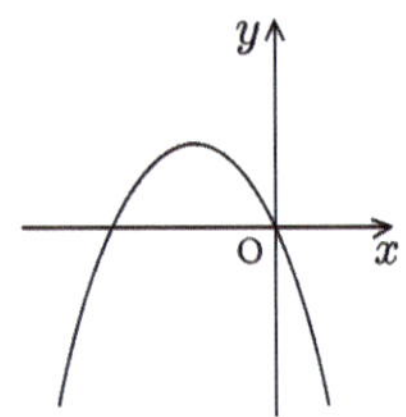 $\quad\quad$ ⑤ 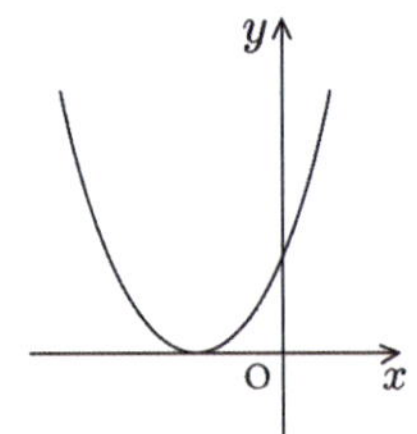

**유제 02-2** $\quad$ 이차함수 $y=ax^2+bx+c$의 그래프가 오른쪽 그림과 같을 때, 이차함수 $y=cx^2+bx+a$의 그래프가 지날 수 없는 사분면을 구하시오.

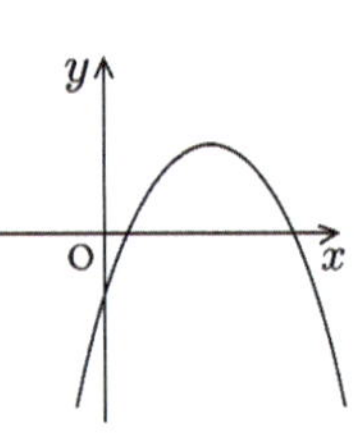

[1] 원점이 꼭짓점인 경우

➡ $y = ax^2$

[2] $x$축에 접하고, 대칭축이 $y$축에 평행한 경우

➡ $y = a(x - m)^2$

[3] 꼭짓점 $(m,\ n)$이 주어진 경우

➡ $y = a(x - m)^2 + n$

[4] $x$축과의 두 교점이 $(\alpha,\ 0)$, $(\beta,\ 0)$으로 주어진 경우

➡ $y = a(x - \alpha)(x - \beta)$

[5] 세 점이 주어진 경우

➡ $y = ax^2 + bx + c$

---

**강의** 이차함수의 작성은 세 가지 방법이 있다!

① 꼭짓점이 주어지는 경우 ➡ $y = a(x - m)^2 + n$

② $x$절편이 주어지는 경우 ➡ $y = a(x - \alpha)(x - \beta)$

③ 세 점이 주어지는 경우 ➡ $y = ax^2 + bx + c$

➡ 3점 → 3식 → $a,\ b,\ c$ 결정

---

## 기 | 본 | 예 | 제 03

꼭짓점이 $(1,\ -2)$이고, 점 $(-1,\ 2)$를 지나는 이차함수의 식을 구하시오.

**탐구** 꼭짓점 $(m,\ n)$ → 이차함수 $y = a(x - m)^2 + n$

**풀이** 꼭짓점 $(1,\ -2)$을 이용하여 이차함수의 식을 구하면

$$y = a(x - 1)^2 - 2 \quad \cdots ①$$

①에 $(-1,\ 2)$를 대입하여 $a$의 값을 구하면

$$2 = a(-1 - 1)^2 - 2 \quad \therefore\ a = 1$$

$$\therefore\ y = (x - 1)^2 - 2$$

**정답** $y = (x - 1)^2 - 2$

 꼭짓점이 $(-1, 3)$이고 점 $(1, -5)$를 지나는 이차함수의 식을 구하시오.

 꼭짓점이 $(2, 1)$인 이차함수가 점 $(0, -1)$을 지날 때, 이 이차함수의 그래프의 $x$절편을 구하시오.

## 기 | 본 | 예 | 제 04

$x$절편이 $1$, $3$이고 $y$절편이 $3$인 이차함수의 식을 구하시오.

**탐구**    $x$절편이 $\alpha$, $\beta$ $\rightarrow$ 이차함수 $y = a(x-\alpha)(x-\beta)$

**풀이**    $x$절편이 $1$, $3$인 이차함수의 식을 구하면
$$y = a(x-1)(x-3) \qquad \cdots ①$$
$y$절편이 $3$이므로 ①에 $(0, 3)$을 대입하여 $a$의 값을 구하면
$$3 = 3a \qquad \therefore\ a = 1$$
따라서 구하는 이차함수의 식은
$$y = (x-1)(x-3) = x^2 - 4x + 3$$
$$\therefore\ y = x^2 - 4x + 3$$

**정답**    $y = x^2 - 4x + 3$

---

 $x$절편이 $1$, $4$이고 한 점 $(2, 2)$를 지나는 이차함수의 식을 구하시오.

 오른쪽 그림과 같은 이차함수의 꼭짓점의 좌표를 구하시오.

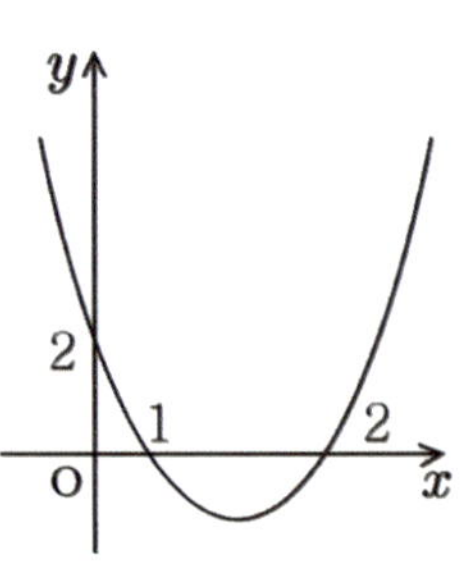

세 점 $(-1, 8)$, $(1, 2)$, $(0, 4)$를 지나는 이차함수의 식을 구하시오.

**탐구**　세 점 → $y = ax^2 + bx + c$ 에 대입

**풀이**　구하는 이차함수의 식을 $y = ax^2 + bx + c$라 하고 세 점을 대입하면

$$8 = a - b + c \qquad \cdots ①$$
$$2 = a + b + c \qquad \cdots ②$$
$$4 = c$$

$c = 4$를 ①, ②에 대입하고 $a$, $b$의 값을 구하면

$$a = 1, \ b = -3$$

따라서 구하는 이차함수의 식은

$$y = x^2 - 3x + 4$$

**정답**　$y = x^2 - 3x + 4$

---

**유제 05-1**　이차함수 $y = ax^2 + bx + c$가 세 점 $(-1, -6)$, $(1, -2)$, $(0, -3)$을 지날 때, 상수 $a$, $b$, $c$의 값을 구하시오.

**유제 05-2**　이차함수 $y = ax^2 + bx + c$가 세 점 $(0, 3)$, $(1, 2)$, $(2, 3)$을 지날 때, 이차함수의 꼭짓점의 좌표를 구하시오.

**유제 05-3**　이차함수 $y = ax^2 + bx + c$의 그래프가 오른쪽 그림과 같고 한 점 $(4, 5)$를 지날 때, 이차함수의 축의 방정식을 구하시오.

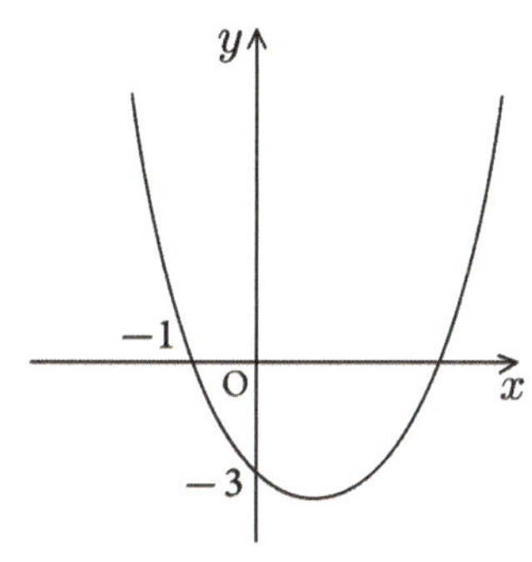

가장 좋은 학습방법은 학교에서나 학원에서나 선생님의 강의를 열심히 듣고 여러 번 반복학습하는 것입니다.
지금부터 당장 선생님의 강의를 열심히 듣고 반복! 반복하십시오. 그러면 곧 모든 과목에 자신이 생길 것입니다.

| 회수 | 시작이 반! | | | 끝을 봐야! | | | 확인 |
|---|---|---|---|---|---|---|---|
| 제1회 | 년 | 월 | 일 부터 | 년 | 월 | 일 까지 | |
| 제2회 | 년 | 월 | 일 부터 | 년 | 월 | 일 까지 | |
| 제3회 | 년 | 월 | 일 부터 | 년 | 월 | 일 까지 | |
| 제4회 | 년 | 월 | 일 부터 | 년 | 월 | 일 까지 | |
| 제5회 | 년 | 월 | 일 부터 | 년 | 월 | 일 까지 | |
| 제6회 | 년 | 월 | 일 부터 | 년 | 월 | 일 까지 | |
| 제7회 | 년 | 월 | 일 부터 | 년 | 월 | 일 까지 | |
| 제8회 | 년 | 월 | 일 부터 | 년 | 월 | 일 까지 | |
| 제9회 | 년 | 월 | 일 부터 | 년 | 월 | 일 까지 | |
| 제10회 | 년 | 월 | 일 부터 | 년 | 월 | 일 까지 | |

# A Step · 연습 문제



**01** 직선 $(3-a)x+y+2+b=0$이 $x$축의 양의 방향과 이루는 각이 $45°$이고 $y$절편이 $-1$일 때, 상수 $a$, $b$의 값을 구하시오.

**02** 직선 $mx+ny+1=0$이 두 점 $(-2, 0)$, $(1, 2)$를 지날 때, 이 직선의 $y$절편을 구하시오. (단, $m$, $n$은 상수)

**03** 다음 직선의 방정식을 구하시오.
(1) 점 $(2, 0)$을 지나고 $y$축에 평행한 직선
(2) 직선 $y=-x+1$과 평행하고 점 $(0, -3)$을 지나는 직선

**04** 직선 $ax+by+c=0$은 다음의 각 경우에 제 몇 사분면을 지나는지 말하시오.
(1) $a=0$, $bc<0$          (2) $ab>0$, $bc<0$

**05** 다음 이차함수의 꼭짓점의 좌표와 대칭축을 차례로 쓰시오.
(1) $y=-2x^2$          (2) $y=2x^2-3$          (3) $y=2(x-3)^2+5$

**06** 다음 이차함수의 꼭짓점의 좌표와 대칭축을 구하시오.

    (1) $y = -(x+2)^2$                        (2) $y = 2x^2 - 8x + 12$

**07** $y = ax^2 + bx + c$의 그래프가 오른쪽 그림과 같을 때, 계수 $a$, $b$, $c$의 부호를 판정하시오.

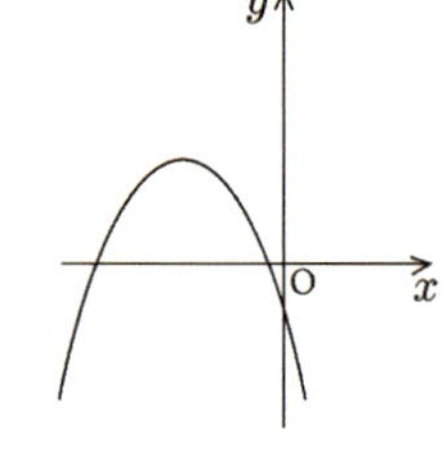

**08** 꼭짓점이 $(1,\ -2)$이고, 점 $(-1,\ 2)$를 지나는 이차함수의 식을 구하시오.

**09** $x$절편이 1, 3이고 $y$절편이 3인 이차함수의 식을 구하시오.

**10** 세 점 $(-1,\ 8)$, $(1,\ 2)$, $(0,\ 4)$를 지나는 이차함수의 식을 구하시오.

▶ 연습문제 B는 앞에서 배운 문제 중 응용단계의 문제이므로 연습장에 스스로 풀어보고 잘 풀리지 않으면 처음부터 다시 공부한 후 자신이 있을 때 다시 풀어 보도록 하자.

**01** 직선 $2x + ay + b = 0$ 위의 임의의 두 점에서 $x$의 값의 증가량이 2일 때, $y$의 값의 증가량이 $-1$이고 $y$절편은 1이라 한다. 이때 상수 $a$, $b$의 값을 구하시오.

**02** 다음 직선의 방정식을 구하시오.
(1) 점 $(2, \ -7)$을 지나고 $x$축에 평행한 직선
(2) 직선 $y = 2x + 5$와 평행하고 점 $(-2, \ 0)$을 지나는 직선

**03** 다음 직선의 방정식을 구하시오.
(1) 점 $(3, \ 4)$를 지나고 $y$축에 수직인 직선
(2) $x$절편이 1, $y$절편이 2인 직선

**04** $ac < 0$, $b = 0$일 때, 직선 $ax + by + c = 0$이 지나는 사분면을 말하시오.

**05** 다음 이차함수의 꼭짓점의 좌표와 대칭축, $y$절편을 구하시오.
$$y = 3x^2 + 9x + 7$$

**06** 이차함수 $y = ax^2 + bx + c$의 그래프가 오른쪽 그림과 같을 때, 함수 $y = cx^2 - bx + a$의 개형으로 맞는 것을 고르시오.

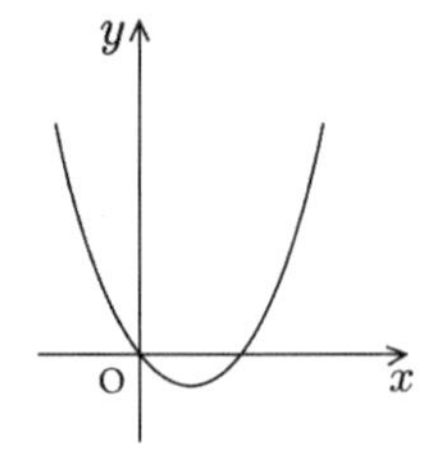

① 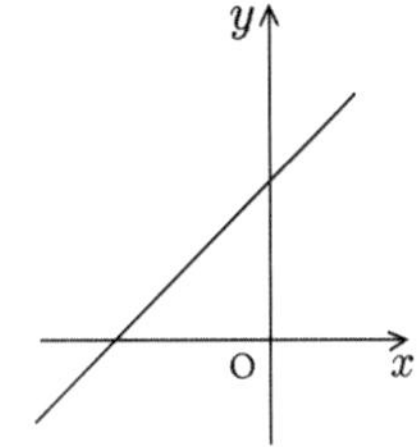  ② 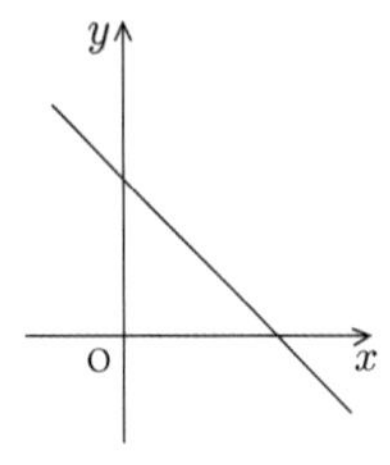

③ 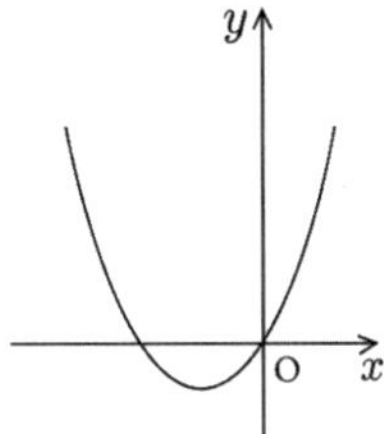  ④ 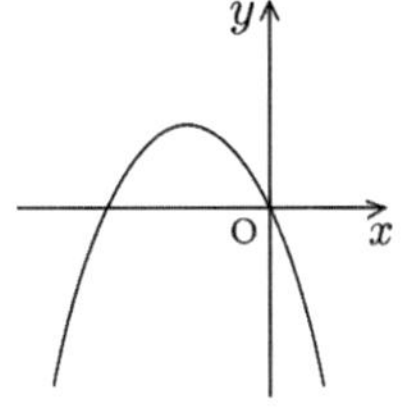  ⑤ 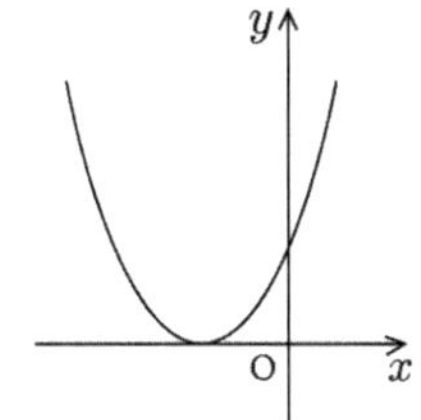

**07** 이차함수 $y = ax^2 + bx + c$의 그래프가 오른쪽 그림과 같을 때, 이차함수 $y = cx^2 + bx + a$의 그래프가 지날 수 없는 사분면을 구하시오.

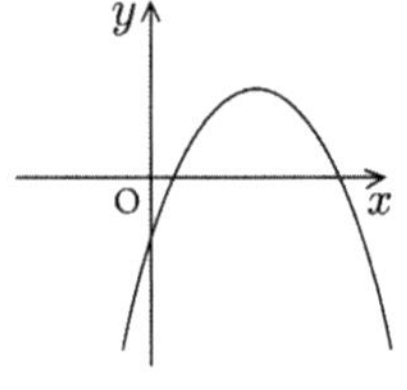

**08** 꼭짓점이 $(2,\ 1)$인 이차함수가 점 $(0,\ -1)$을 지날 때, 이 이차함수의 그래프의 $x$절편을 구하시오.

**09** $x$절편이 1, 4이고 한 점 $(2,\ 2)$를 지나는 이차함수의 식을 구하시오.

**10** 이차함수 $y = ax^2 + bx + c$가 세 점 $(0,\ 3)$, $(1,\ 2)$, $(2,\ 3)$을 지날 때, 이차함수의 꼭짓점의 좌표를 구하시오.

MEMO

## Ⅲ. 이차함수

## PART 02

### 이차함수의 활용

- ◆ 중·고교 연결과정 선수학습
- **1** 이차함수와 이차방정식의 관계
- **2** 이차함수의 최대 · 최소
- ◆ 반복학습 기록란
- ◆ 연습문제 (A)(B)

**명언**

아침에 당신을 벌떡 깨울 수 있는 꿈을 가져야 한다.
- S. 스마일즈 -

## 1 이차방정식의 해의 개수

→ 이차방정식 $ax^2+bx+c=0\,(a\neq0)$의 해의 개수는 판별식 $D=b^2-4ac$의 부호에 따라 결정된다.

(1) $D>0$이면 해가 2개

(2) $D=0$이면 해가 1개 (중근)

(3) $D<0$이면 해가 없다.

**강의** **이차방정식의 해의 개수는 판별식 $D$를 이용한다!**

→ $ax^2+bx+c=0\ (a\neq0)$에서

① $D>0\ \rightarrow$ 해 2개

② $D=0\ \rightarrow$ 해 1개

③ $D<0\ \rightarrow$ 해 0개

### 기|본|예|제 01

다음 이차방정식의 해의 개수를 구하시오.

(1) $x^2-2x-1=0$　　　　(2) $x^2-4x+4=0$　　　　(3) $x^2-3x+4=0$

**탐구** 이차방정식의 해의 개수는 판별식 $D$의 부호에 따라 결정된다.

**풀이**
(1) $D/4=1+1=2>0$ 　　　　 ∴ 2개
(2) $D/4=4-4=0$ 　　　　 ∴ 1개
(3) $D=9-16=-7<0$ 　　　　 ∴ 0개

**정답** (1) 2개 　　(2) 1개 　　(3) 0개

---

**유제 01-1** 이차방정식 $x^2-2x+7-a=0$의 해가 2개일 때, 정수 $a$의 최솟값을 구하시오.

**유제 01-2** 이차방정식 $x^2+kx+k+3=0$의 해가 1개일 때, 양수 $k$의 값을 구하시오.

# 01 이차함수와 이차방정식의 관계

**1** 이차함수의 그래프와 $x$축과의 관계

→ $y=ax^2+bx+c\,(a\neq0)$와 $x$축과의 교점의 좌표는 $ax^2+bx+c=0\,(a\neq0)$의 **실근**이다.

(1) $D>0 \Leftrightarrow$ 서로 다른 두 실근

　　　　$\Leftrightarrow x$축과 서로 다른 두 점에서 만난다.

(2) $D=0 \Leftrightarrow$ 서로 같은 두 실근(중근)

　　　　$\Leftrightarrow x$축에 접한다.

(3) $D<0 \Leftrightarrow$ 서로 다른 두 허근

　　　　$\Leftrightarrow x$축과 만나지 않는다.

| $D=b^2-4ac$ | $D>0$ | $D=0$ | $D<0$ |
|---|---|---|---|
| $ax^2+bx+c=0$ | 서로 다른 두 실근 | 서로 같은 두 실근 | 서로 다른 두 허근 |
| $y=ax^2+bx+c$ | | | |
| $x$축과의 관계 | $x$축과 두 번 만난다. | $x$축에 접한다. | $x$축과 만나지 않는다. |

**강의** $ax^2+bx+c=0$의 의미는 두 함수의 그래프로 해석하라!

좌변　$y=ax^2+bx+c$ 　　　교점=실근
우변　$y=0\,(x축)$

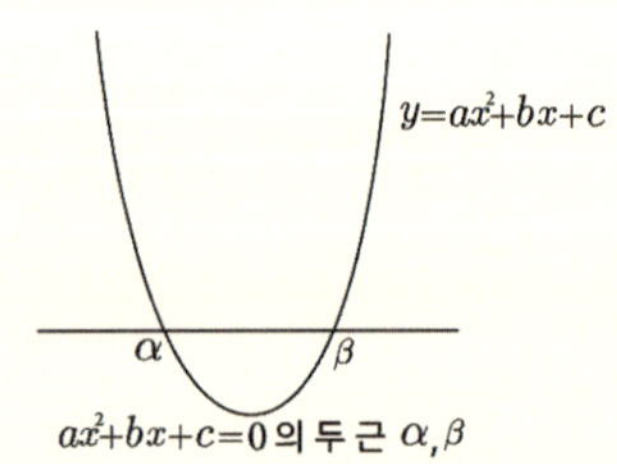

이차함수 $y = x^2 + ax + b$의 그래프가 오른쪽 그림과 같을 때,
상수 $a$, $b$의 값을 구하시오.

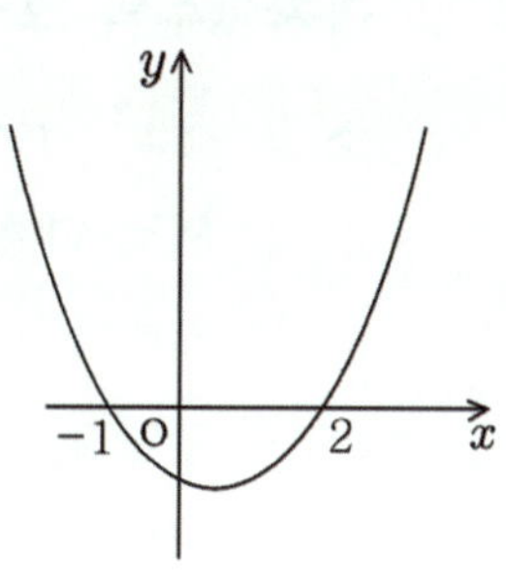

**탐구**　$x$축과의 교점의 $x$좌표 $\alpha$, $\beta$ $\rightarrow$ $x^2 + ax + b = 0$ 두 근 $\alpha$, $\beta$

**풀이**　이차함수의 그래프와 $x$축과의 교점의 $x$좌표가 $-1$, $2$이므로
$x^2 + ax + b = 0$의 두 근이 $-1$, $2$이다.
이차방정식의 근과 계수의 관계를 이용하여 $a$, $b$의 값을 구하면

　　두 근의 합 : $-1 + 2 = -a$
　　　　　　　　$\therefore a = -1$
　　두 근의 곱 : $(-1) \times 2 = b$
　　　　　　　　$\therefore b = -2$

**정답**　$a = -1$, $b = -2$

---

**유제 01-1**　이차함수 $y = -x^2 + ax + b$의 그래프가 $x$축과 두 점 $(1, 0)$, $(3, 0)$에서 만날 때,
상수 $a$, $b$에 대하여 $a + b$의 값을 구하시오.

**유제 01-2**　이차함수 $y = 2x^2 + ax + 3$의 그래프가 $x$축과 만나는 두 점의 $x$좌표가 각각 $3$, $b$일
때, 실수 $a$, $b$에 대하여 $2ab$의 값을 구하시오.

**유제 01-3**　이차함수 $y = x^2 + kx - 2$의 그래프와 $x$축의 두 교점의 $x$좌표를 $\alpha$, $\beta$라 할 때,
$|\alpha - \beta| = 3$이 되게 하는 양수 $k$의 값을 구하시오.

→ $y=ax^2+bx+c$와 $x$축 $y=0$을 연립 → 판별식 이용

① 서로 다른 두 교점 → 서로 다른 두 실근 → $D>0$

② 접한다 → 중근 → $D=0$

③ 만난다 → 실근 → $D\geq0$

④ 만나지 않는다 → 허근 → $D<0$

---

### 기|본|예|제 **02**

이차함수 $y=x^2+ax+a^2-3$의 그래프가 $x$축에 접하도록 하는 상수 $a$의 값을 구하시오.

**탐구**  이차함수 $y=ax^2+bx+c\,(a\neq0)$의 그래프가 $x$축에 접한다.

→ 이차방정식 $ax^2+bx+c=0$의 판별식 $D=0$

**풀이**  이차함수 $y=x^2+ax+a^2-3$의 그래프가 $x$축에 접하므로

이차방정식 $x^2+ax+a^2-3=0$의 판별식이 0이어야 한다.

$$D=a^2-4(a^2-3)=-3a^2+12$$
$$=-3(a^2-4)=-3(a-2)(a+2)=0$$
$$\therefore\ a=\pm2$$

**정답**  $\pm2$

---

**유제 02-1**  이차함수 $y=x^2-3x+4a$의 그래프가 $x$축과 만나지 않도록 하는 자연수 $a$의 최솟값을 구하시오.

**유제 02-2**  이차함수 $y=2x^2+5x+3k$의 그래프가 $x$축과 만나도록 하는 정수 $k$의 최댓값을 구하시오.

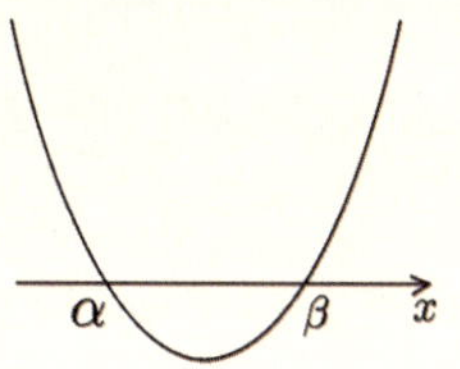

### 기 | 본 | 예 | 제 03

이차함수 $y = x^2 - 4x + k - 1$의 그래프가 $x$축과 만나는 두 점을 각각 A, B라 할 때, $\overline{AB} = 6$이라면 실수 $k$의 값을 구하시오.

**탐구**  $x$절편의 길이 → $|\alpha - \beta| = \dfrac{\sqrt{D}}{|a|}$

**풀이**  이차함수의 그래프와 $x$축과의 교점의 $x$좌표는 이차방정식 $x^2 - 4x + k - 1 = 0$의 실근이므로 A$(\alpha,\ 0)$, B$(\beta,\ 0)$이라 하면

$$\overline{AB} = |\alpha - \beta| = 6$$

$|\alpha - \beta| = \dfrac{\sqrt{D}}{|a|}$ 이므로

$$|\alpha - \beta| = \dfrac{\sqrt{16 - 4(k-1)}}{|1|}$$
$$= \sqrt{-4k + 20} = 6$$

$-4k + 20 = 36 \qquad -4k = 16$

$$\therefore\ k = -4$$

**정답**  $-4$

---

**유제 03-1**  이차함수 $y = x^2 + 6x + 2k$의 그래프가 $x$축과 만나는 두 점 사이의 거리가 $2\sqrt{5}$ 일 때, 실수 $k$의 값을 구하시오.

**유제 03-2**  이차함수 $y = x^2 + (k-1)x - k$의 그래프가 $x$축과 만나는 두 점 사이의 거리가 3일 때, 양수 $k$의 값을 구하시오.

→ $y = ax^2 + bx + c \, (a \neq 0)$와 $y = mx + n \, (m \neq 0)$과의 교점의 $x$좌표는 $ax^2 + bx + c = mx + n$의 **실근**이다.

(1) $D > 0$ ⇔ 서로 다른 두 실근

      ⇔ 직선과 서로 다른 두 점에서 만난다.

(2) $D = 0$ ⇔ 서로 같은 두 실근(중근)

      ⇔ 직선에 접한다.

(3) $D < 0$ ⇔ 서로 다른 두 허근

      ⇔ 직선과 만나지 않는다.

| $D = b^2 - 4ac$ | $D > 0$ | $D = 0$ | $D < 0$ |
| --- | --- | --- | --- |
| 연립방정식의 근 | 서로 다른 두 실근 | 서로 같은 두 실근 | 서로 다른 두 허근 |
| $y = ax^2 + bx + c$와 $y = mx + n$ | $a > 0$ $a < 0$ | $a > 0$ $a < 0$ | $a > 0$ $a < 0$ |
| 직선과의 관계 | 직선과 두 번 만난다. | 직선에 접한다. | 직선과 만나지 않는다. |

**강의** 이차함수의 그래프와 직선과의 관계는 연립하여 판별식 $D$를 이용한다!

→ $y = ax^2 + bx + c$와 $y = mx + n$을 연립 → 판별식 이용

① 서로 다른 두 교점 → 서로 다른 두 실근 → $D > 0$

② 접한다 → 중근 → $D = 0$

③ 만난다 → 실근 → $D \geq 0$

④ 만나지 않는다 → 허근 → $D < 0$

**주의** 현 $\mathrm{PQ}$의 길이

→ $\overline{\mathrm{PQ}} = \sqrt{1 + m^2} \, |\alpha - \beta| = \sqrt{1 + m^2} \dfrac{\sqrt{D}}{|a|}$

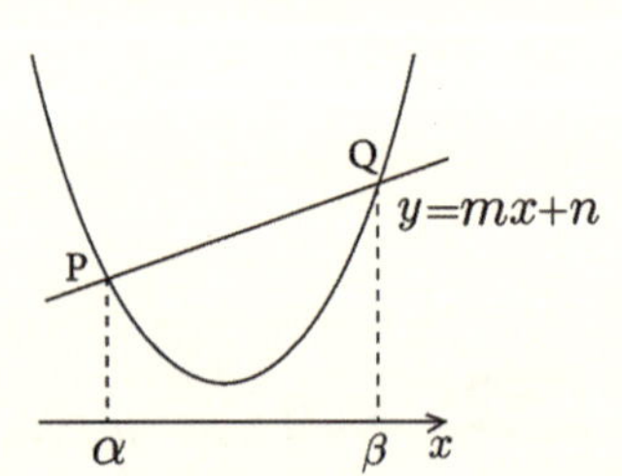

이차함수 $y=2x^2+3x-1$의 그래프와 직선 $y=ax+b$의 두 교점의 $x$좌표가 각각 $-1$, $4$일 때, 상수 $a$, $b$에 대하여 $a-b$의 값을 구하시오.

**탐구** $y=f(x)$와 $y=g(x)$의 교점의 $x$좌표 $\rightarrow$ $f(x)=g(x)$의 실근과 같다.

**풀이** 이차함수의 그래프와 직선의 교점의 $x$좌표는 $2x^2+3x-1=ax+b$의 실근과 같다.

$$2x^2+(3-a)x-1-b=0 \qquad \cdots ①$$

①의 두 실근이 $-1$, $4$이므로 근과 계수의 관계를 이용하여 $a$, $b$의 값을 구하면

$$두\ 근의\ 합 : -1+4=-\frac{3-a}{2} \qquad -6=3-a$$

$$\therefore a=9$$

$$두\ 근의\ 곱 : (-1)\times 4=\frac{-1-b}{2} \qquad -8=-1-b$$

$$\therefore b=7$$

$$\therefore a-b=9-7=2$$

**정답** 2

---

**유제 04-1** 이차함수 $y=x^2+4x+a$의 그래프와 직선 $y=bx-1$의 두 교점의 $x$좌표가 각각 $-3$, $1$일 때, 상수 $a$, $b$에 대하여 $a+b$의 값을 구하시오.

**유제 04-2** 이차함수 $y=x^2+ax+b$의 그래프와 직선 $y=2x+1$이 서로 다른 두 점에서 만난다. 이 중 한 교점의 $x$좌표가 $1-\sqrt{3}$일 때, 유리수 $a$, $b$에 대하여 $ab$의 값을 구하시오.

**유제 04-3** 이차함수 $y=4x^2+2px+4q$의 그래프는 직선 $y=-2x+4$의 그래프와 서로 다른 두 점에서 만난다. 이 중 한 교점의 $x$좌표가 $-1-\sqrt{5}$일 때, 유리수 $p$, $q$에 대하여 $p+q$의 값을 구하시오.

이차함수 $y=x^2-x+1$의 그래프와 직선 $y=2x+m$이 서로 다른 두 점에서 만날 때, 실수 $m$의 값의 범위를 구하시오.

**탐구** 서로 다른 두 점에서 만난다. → $D>0$ !

**풀이** 이차함수의 그래프와 직선이 서로 다른 두 점에서 만나려면

이차방정식 $x^2-x+1=2x+m$, 즉 $x^2-3x+1-m=0$의 판별식 $D>0$이어야 한다.

$$D=9-4(1-m)$$
$$=4m+5>0$$
$$\therefore\ m>-\frac{5}{4}$$

**정답** $m>-\dfrac{5}{4}$

---

**유제 05-1** 이차함수 $y=x^2-2mx+m^2-1$의 그래프와 직선 $y=2x$가 만나지 않을 때, 실수 $m$의 값의 범위를 구하시오.

**유제 05-2** 이차함수 $y=x^2+ax+2$의 그래프와 직선 $y=x+1$이 접할 때, 양수 $a$의 값을 구하시오.

**유제 05-3** 직선 $y=mx$는 이차함수 $y=x^2-x+1$의 그래프와 서로 다른 두 점에서 만나고, 이차함수 $y=x^2+x+1$의 그래프와는 만나지 않을 때, 정수 $m$의 값을 구하시오.

## [1] 구간을 나누어 그리는 방법

→ 절댓값 안을 0으로 하는 값이 $n$개이면 구간은 $n+1$개이다.

## [2] 꺾인 점을 찾아 그리는 방법

(1) 꺾인 점의 $x$좌표 → 절댓값 안을 0으로 하는 $x$값이다.

(2) 꺾인 점의 $y$좌표 → $x$값을 함수에 대입한 값이다.

## [3] 대칭을 이용하여 그리는 방법

(1) $y = f(|x|)$의 그래프

→ $y = f(x)$의 $x \geq 0$인 부분을 $y$축에 대칭시킨다.

(2) $|y| = f(x)$의 그래프

→ $y = f(x)$의 $y \geq 0$인 부분을 $x$축에 대칭시킨다.

(3) $|y| = f(|x|)$의 그래프

→ $y = f(x)$의 $x \geq 0$, $y \geq 0$인 부분을 $x$축, $y$축, 원점에 대칭시킨다.

(4) $y = |f(x)|$의 그래프

→ $y = f(x)$의 $x$축 아래 부분을 꺾어 올린다.

---

**강의** **대칭성 I 은 반대로 사고하는 것이 필요하다!**

① $(-x)$ → $y$축 대칭

② $(-y)$ → $x$축 대칭

③ $\begin{pmatrix} -x \\ -y \end{pmatrix}$ → 원점 대칭

---

**강의** **대칭성 II 는 0 이상인 부분을 대칭시킨다!**

① $|x|$ → $x \geq 0$인 부분 → $y$축 대칭

② $|y|$ → $y \geq 0$인 부분 → $x$축 대칭

③ $\left. \begin{matrix} |x| \\ |y| \end{matrix} \right\rangle$ → $\begin{matrix} x \geq 0 \\ y \geq 0 \end{matrix}$ 인 부분 → $x$축, $y$축, 원점 대칭

---

**강의** **대칭성 III 은 꺾어올리거나 꺾어내린다!**

① $y = |f(x)| \geq 0$ → $x$축 下부분 꺾어 올림

② $y = -|f(x)| \leq 0$ → $x$축 上부분 꺾어 내림

下(아래 하)　上(위 상)

$|x|-|y|=1$의 그래프와 $|x|+|y|=3$의 그래프로 둘러싸인 부분의 넓이를 구하시오.

**탐구**  ① $|x|-|y|=1$ → 쌍직선  ② $|x|+|y|=3$ → 마름모

**풀이**  $|x|-|y|=1$에 $y=0$을 대입하면 $|x|=1$  ∴ $x$절편 $\pm 1$

$|x|+|y|=3$에 $y=0$을 대입하면 $|x|=3$  ∴ $x$절편 $\pm 3$

$x=0$을 대입하면 $|y|=3$  ∴ $y$절편 $\pm 3$

넓이 $S=2\left(\dfrac{1}{2}\times 2\times 2\right)=4$

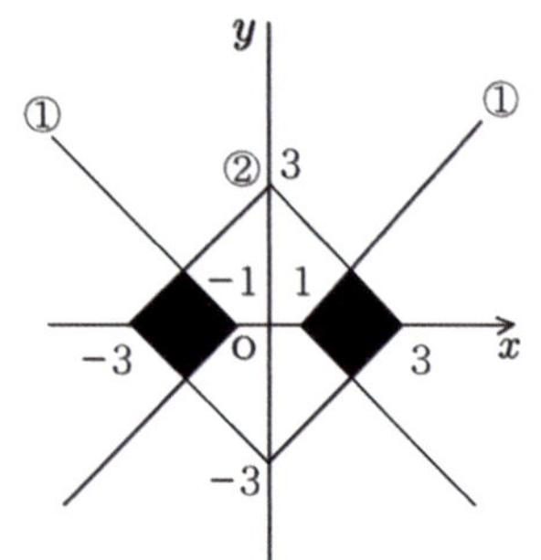

**정답**  4

---

**유제 06-1**  다음 중 $y=|x^2-1|$의 그래프를 고르시오.

① 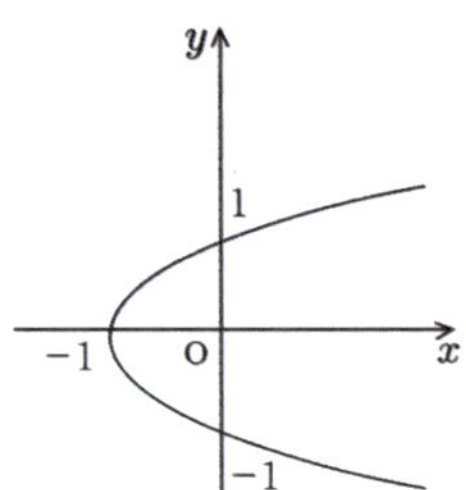  ② 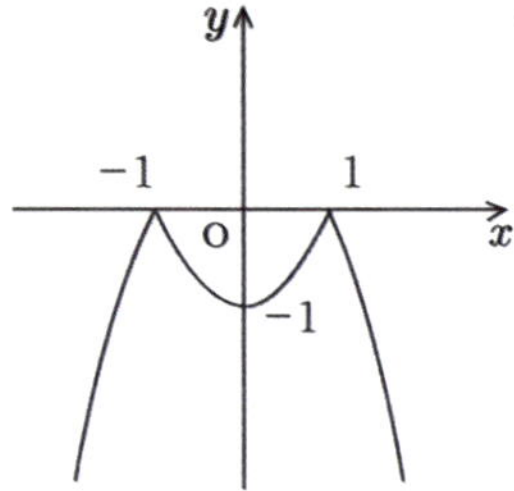  ③ 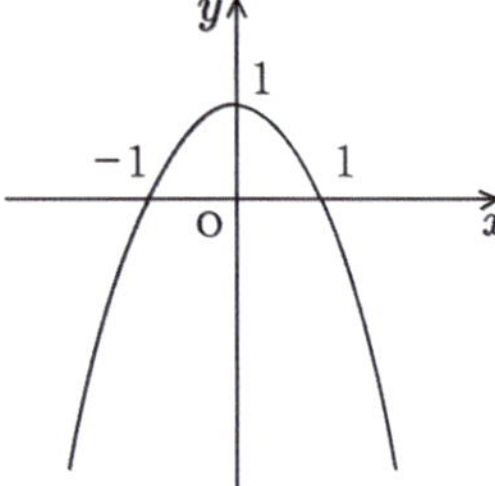

④ 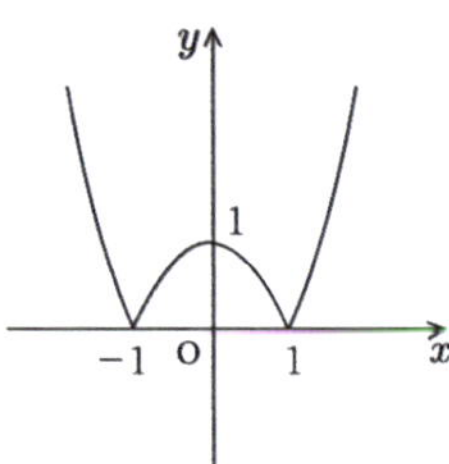  ⑤ 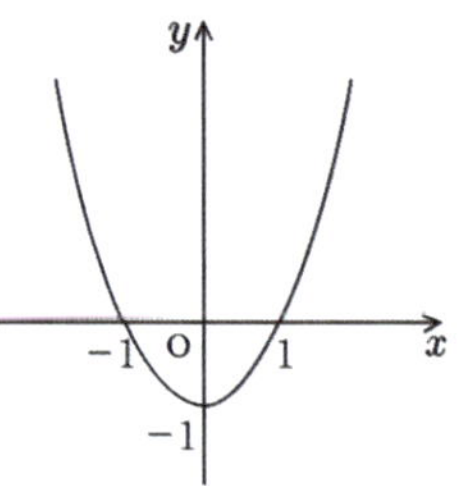

**유제 06-2**  함수 $y=f(x)$의 그래프가 오른쪽 그림과 같을 때 $y=f(|x|)$의 그래프를 고르시오.

① 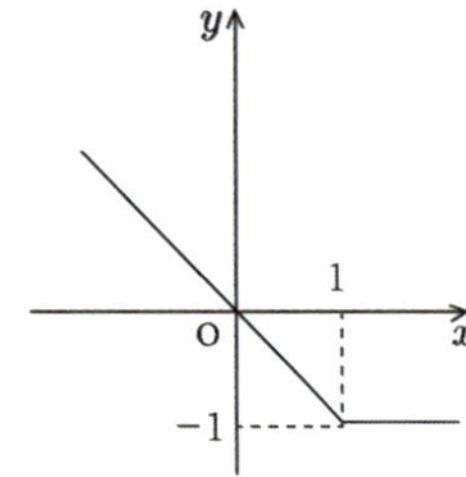  ② 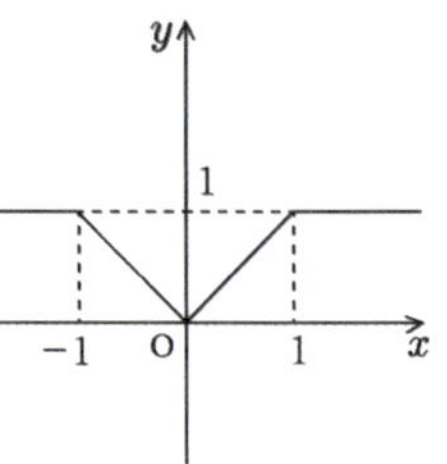

③ 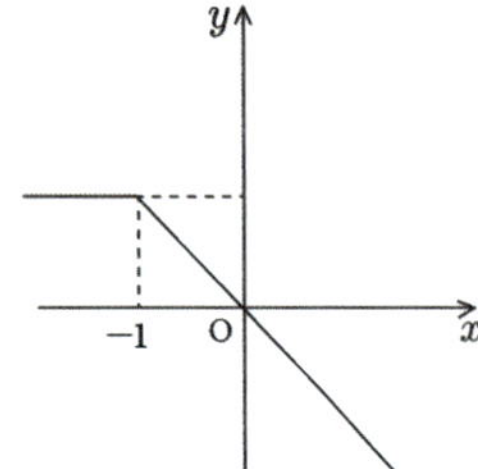  ④ 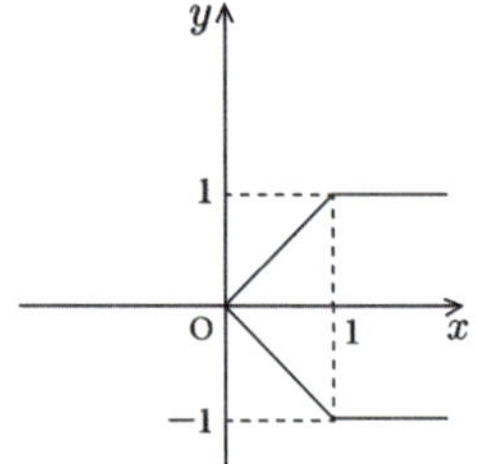  ⑤ 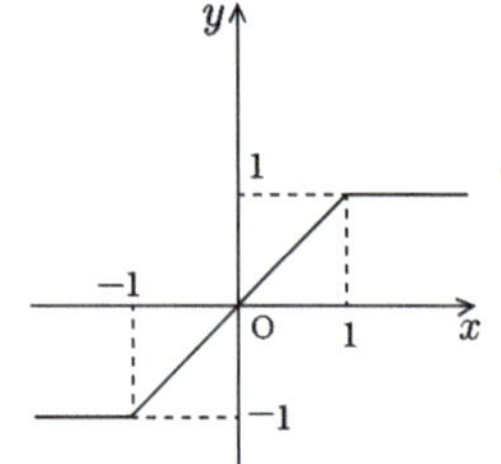

## 4 그래프에 의한 실근의 개수

첫째, 고정그래프와 이동그래프로 나누어 그린다.
둘째, 이동그래프를 이동시키면서 교점의 개수를 조사한다.

(1) 교점이 2개일 때 → 실근 2개

(2) 교점이 1개일 때 → 실근 1개

(3) 교점이 0개일 때 → 실근 0개

---

**강의** **실근의 개수는 고정그래프를 그리고 이동그래프를 움직여서 구한다!**

$$\left.\begin{array}{l} \text{고정그래프(문자계수 無)} \\ \text{이동그래프(문자계수 有)} \end{array}\right\rangle \text{교점의 개수} = \text{실근의 개수}$$

無(없을 무)　有(있을 유)

---

### 기|본|예|제 07

방정식 $x^2 - 4x - a = 0$의 실근이 2개가 되는 실수 $a$의 값의 범위를 구하시오.

**탐구**　고정그래프와 이동그래프의 교점의 개수 → 실근의 개수 조사

**풀이**　$x^2 - 4x = a$의 실근의 개수는 $y = x^2 - 4x$와 $y = a$의 교점의 개수와 같다.

$$y = x^2 - 4x = (x-2)^2 - 4 \text{ (고정그래프)}$$

∴ 꼭짓점 $(2, \, -4)$, $y$절편 $0$

주어진 값을 이용하여 그래프를 그리면 오른쪽 그림과 같다.

$y = a$ (이동그래프)를 이동시키며 교점의 개수를 구하면

ⅰ) $a < -4$일 때, 교점 0개 → 실근 0개

ⅱ) $a = -4$일 때, 교점 1개 → 실근 1개 (중근)

ⅲ) $a > -4$일 때, 교점 2개 → 실근 2개

따라서 실근이 2개가 되는 $a$의 값의 범위는 $a > -4$이다.

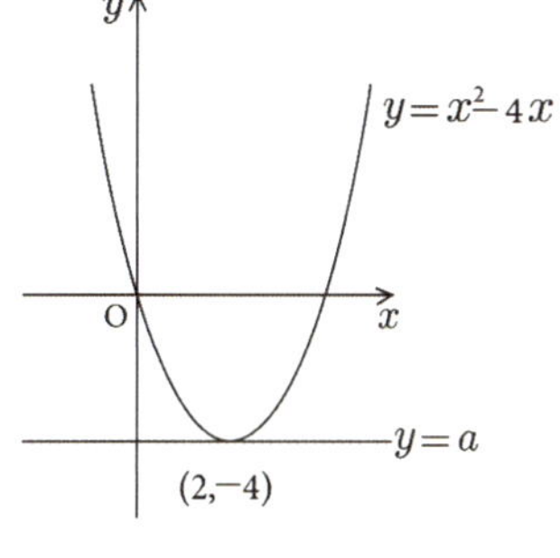


**정답**　$a > -4$

---

**유제 07-1** 방정식 $2x^2 + 8x + k = 0$의 실근이 없을 때, 실수 $k$의 값의 범위를 구하시오.

**유제 07-2** 방정식 $|x^2 - 2| = k$이 서로 다른 두 실근을 가질 때, 정수 $k$의 최솟값을 구하시오.

**1** 제한변역이 없는 이차함수의 최대·최소

→ $y = a(x-m)^2 + n$의 최대·최소

(1) $a > 0$일 때 → ∪꼴

　→ 꼭짓점 $x = m$에서 최솟값 $n$을 갖고, 최댓값은 없다.

(2) $a < 0$일 때 → ∩꼴

　→ 꼭짓점 $x = m$에서 최댓값 $n$을 갖고, 최솟값은 없다.

---

**강의** **계한변역이 없는 이차함수의 최대·최소는 꼭짓점에서 이루어진다!**

→ 이차함수 → 범위 없을 때 : 꼭짓점에서 최대·최소

**주의** 이차식의 최대·최소를 구하는 두 가지 방법

① $y = ax^2 + bx + c$꼴 (이차식 ≠ 0꼴) → 함수 $y$의 최대·최소

　　　　　　　　　　　　　　　→ 꼭짓점 이용

② $ax^2 + bx + c - y = 0$꼴 (이차식 = 0꼴) → 계수 $y$의 최대·최소

　　　　　　　　　　　　　　　→ 판별식 이용

---

기|본|예|제 **08**

다음 이차함수의 최댓값과 최솟값을 구하시오.

(1) $y = 3(x-1)^2 + 2$　　　　　　　(2) $y = -x^2 - 4x - 5$

**탐구**　$y = a(x-p)^2 + q$에서　i) $a > 0$이면 $x = p$에서 최솟값 $q$를 갖고 최댓값은 없다.

　　　　　　　　　　　　　ii) $a < 0$이면 $x = p$에서 최댓값 $q$를 갖고 최솟값은 없다.

**풀이**　(1) $a = 3 > 0$이므로

　　　주어진 이차함수는 $x = 1$에서 최솟값 2를 갖고 최댓값은 없다.

　　(2) 주어진 이차함수를 변형하면

　　　　$y = -(x^2 + 4x + 4) - 1$

　　　　　$= -(x+2)^2 - 1$

　　　$a = -1 < 0$이므로

　　　주어진 이차함수는 $x = -2$에서 최댓값 $-1$을 갖고 최솟값은 없다.

**정답**　(1) 최솟값 : 2, 최댓값 없다.　　(2) 최댓값 : $-1$, 최솟값 없다.

---

 다음 이차함수의 최댓값과 최솟값을 구하시오.

(1) $y = -2\left(x + \dfrac{1}{2}\right)^2 - 1$  (2) $y = \dfrac{1}{3}x^2 + \dfrac{2}{3}x + \dfrac{10}{3}$


 이차함수 $y = -2x^2 + 6x - 7$의 최댓값과 최솟값을 구하시오.


### 기 | 본 | 예 | 제 **09**

이차함수 $y = -x^2 + ax + b$가 $x = 3$에서 최댓값 2를 가질 때, 상수 $a$, $b$의 값을 구하시오.

**탐구**  $x = 3$에서 최댓값 2 → 꼭짓점 $(3,\ 2)$

**풀이**  이차함수가 $x = 3$에서 최댓값 2를 가지므로 꼭짓점의 좌표가 $(3,\ 2)$이다.

$$\therefore\ y = -(x-3)^2 + 2 = -x^2 + 6x - 7 \qquad \cdots ①$$

주어진 함수와 ①이 같으므로

$$a = 6,\ b = -7$$

**정답**  $a = 6,\ b = -7$


 이차함수 $y = 2x^2 + ax + b$가 $x = 1$에서 최솟값 $-2$를 가질 때, 상수 $a$, $b$에 대하여 $ab$의 값을 구하시오.


 이차함수 $y = 3x^2 - 2x + k$의 최솟값이 $\dfrac{4}{3}$일 때, 상수 $k$의 값과 최솟값을 갖는 $x$의 값의 합을 구하시오.

→ $t_1 \le x \le t_2$일 때 $y = a(x-m)^2 + n$의 최대·최소

## [1] 꼭짓점 $x = m$이 범위에 포함될 때

(1) $a > 0$일 때 → $\cup$꼴

   ① 꼭짓점 $x = m$에서 최솟값 $n$을 갖는다.

   ② $t_1$, $t_2$ 중 꼭짓점 $x = m$과의 거리가 먼 쪽에서 최댓값을 갖는다.

(2) $a < 0$일 때 → $\cap$꼴

   ① 꼭짓점 $x = m$에서 최댓값 $n$을 갖는다.

   ② $t_1$, $t_2$ 중 꼭짓점 $x = m$과의 거리가 먼 쪽에서 최솟값을 갖는다.

## [2] 꼭짓점 $x = m$이 범위에 포함되지 않을 때

(1) $a > 0$일 때 → $\cup$꼴

   ① $t_1$, $t_2$ 중 꼭짓점 $x = m$과의 거리가 가까운 쪽에서 최솟값을 갖는다.

   ② $t_1$, $t_2$ 중 꼭짓점 $x = m$과의 거리가 먼 쪽에서 최댓값을 갖는다.

(2) $a < 0$일 때 → $\cap$꼴

   ① $t_1$, $t_2$ 중 꼭짓점 $x = m$과의 거리가 가까운 쪽에서 최댓값을 갖는다.

   ② $t_1$, $t_2$ 중 꼭짓점 $x = m$과의 거리가 먼 쪽에서 최솟값을 갖는다.

---

**보기** 제한변역이 있을 때의 이차함수의 최대·최소

(1) $a > 0$일 때

① 꼭짓점 범위 안

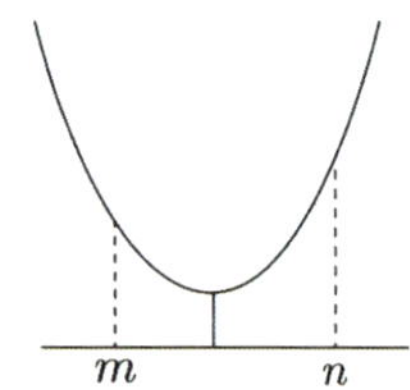


ⅰ) 최솟값 : 꼭짓점에서

ⅱ) 최댓값 : 꼭짓점에서 먼 쪽

② 꼭짓점 범위 밖

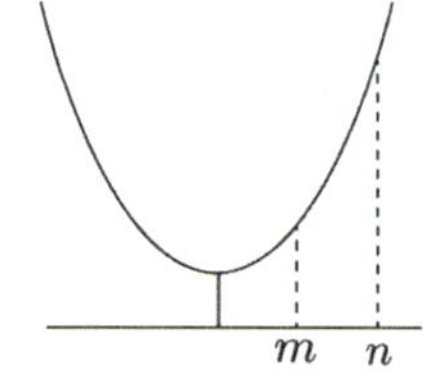


ⅰ) 최솟값 : 꼭짓점에서 가까운 쪽

ⅱ) 최댓값 : 꼭짓점에서 먼 쪽

(2) $a < 0$일 때

① 꼭짓점 범위 안

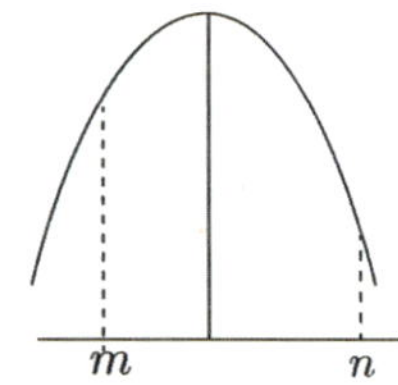


ⅰ) 최댓값 : 꼭짓점에서

ⅱ) 최솟값 : 꼭짓점에서 먼 쪽

② 꼭짓점 범위 밖

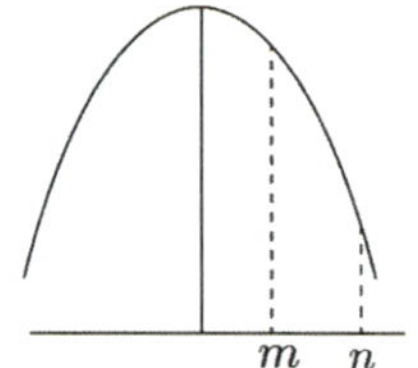


ⅰ) 최댓값 : 꼭짓점에서 가까운 쪽

ⅱ) 최솟값 : 꼭짓점에서 먼 쪽

① $a > 0 \rightarrow$
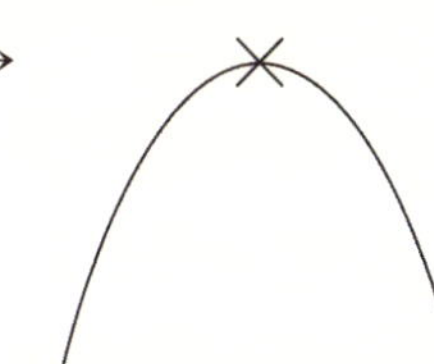
ㄱ 최소 → 꼭짓점 or 꼭짓점에서 가까운 곳
ㄴ 최대 → 꼭짓점에서 먼 곳

② $a < 0 \rightarrow$
ㄱ 최대 → 꼭짓점 or 꼭짓점에서 가까운 곳
ㄴ 최소 → 꼭짓점에서 먼 곳

**주의** 조건식에 2차식이 있으면 범위가 탄생된다.

## 기 | 본 | 예 | 제 10

이차함수 $f(x) = (x-2)^2 + 1$ (단, $0 \le x \le 5$)의 최댓값과 최솟값을 구하시오.

**탐구**

→ 최솟값 : 꼭짓점 또는 꼭짓점과 가까운 곳
최댓값 : 꼭짓점에서 먼 곳

**풀이**   꼭짓점 $(2, 1)$이 범위 안에 있으므로

꼭짓점 $x = 2$에서 최솟값 1, 꼭짓점에서 먼 $x = 5$에서 최댓값 10을 갖는다.

**정답**   최솟값 : 1, 최댓값 : 10

---

**유제 10-1**   $0 \le x \le 4$에서 이차함수 $y = x^2 - 3x + 2$의 최댓값과 최솟값을 구하시오.

**유제 10-2**   이차함수 $f(x) = -2x^2 + 8x + 6$ (단, $-1 \le x \le 1$)의 최댓값과 최솟값을 구하시오.

$1 \leq x \leq 3$에서 이차함수 $y = -2x^2 + 3x + a$의 최댓값이 2일 때, 상수 $a$의 값을 구하시오.

**탐구** 이차함수의 최대·최소 : 제한 변역 有 → 꼭짓점, 경계값 이용 !

**풀이** 주어진 이차함수를 변형하면

$$y = -2\left\{ x^2 - \frac{3}{2}x + \left(\frac{3}{4}\right)^2 - \left(\frac{3}{4}\right)^2 \right\} + a$$

$$= -2\left( x - \frac{3}{4} \right)^2 + \frac{9}{8} + a \ (1 \leq x \leq 3)$$

꼭짓점의 $x$좌표가 범위 밖이므로 이차함수는 $x = 1$에서 최댓값을 구한다.

주어진 이차함수에서 $x = 1$에서의 함숫값을 구하면

$$-\frac{1}{8} + \frac{9}{8} + a = 2 \qquad \therefore \ a = 1$$

**정답** 1

---

**유제 11-1** $-2 \leq x \leq 0$에서 이차함수 $y = 2x^2 - 4x + k$의 최솟값이 5일 때, 이 함수의 최댓값을 구하시오.

**유제 11-2** $0 \leq x \leq 3$에서 이차함수 $y = \frac{1}{3}x^2 - \frac{2}{3}x + a$의 최댓값이 0, 최솟값이 $b$라 할 때, $a + b$의 값을 구하시오.

**유제 11-3** $a \leq x \leq 0$ (단, $a < -1$)에서 이차함수 $y = -2x^2 - 4x + 1$의 최댓값이 $b$, 최솟값이 $-5$라 할 때, $a$, $b$의 값을 구하시오.

**유제 11-4** $x \leq a$일 때, 이차함수 $y = 2x^2 - 4x + 3$의 최솟값을 구하시오.

→ 동일부분을 $t$로 치환한 후 $t$에 대한 함수의 최댓값과 최솟값을 구한다.

→ $t$의 범위에 주의한다.

**강의** **동일부분을 치환하면 변역이 생긴다!**

첫째, 동일 부분 $ax^2 + bx = t$로 치환하여 정리한다. → 범위 탄생

둘째, $t$에 대한 이차함수의 최대·최소를 구한다.

### 기|본|예|제 **12**

함수 $y = (x^2 + 4x + 5)(x^2 + 4x + 2) + 2x^2 + 8x + 1$의 최솟값을 구하시오.

**탐구** 동일부분이 있으면 $t$로 치환 → 변역 탄생!

**풀이** 주어진 함수에서 $x^2 + 4x = t$로 치환하면

$$t = x^2 + 4x + 4 - 4$$
$$= (x+2)^2 - 4$$
$$\therefore \ t \geq -4$$
$$y = (t+5)(t+2) + 2t + 1 = t^2 + 9t + 11$$
$$= \left\{ t^2 + 9t + \left(\frac{9}{2}\right)^2 \right\} - \left(\frac{9}{2}\right)^2 + 11$$
$$= \left( t + \frac{9}{2} \right)^2 - \frac{37}{4} \ \ (t \geq -4)$$

따라서 $y$는 $t = -4$에서 최솟값 $-9$를 갖는다.

**정답** $-9$

**유제 12-1** 함수 $y = (x^2 - 4x + 2)(x^2 - 4x - 1) - 2x^2 + 8x - 4$의 최솟값을 구하시오.

**유제 12-2** $0 \leq x \leq 2$에서 함수 $y = (x^2 - 2x)^2 + 2(x^2 - 2x) + 5$의 최댓값과 최솟값을 구하시오.

→ 주어진 등식을 한 문자에 대하여 정리하고 이차식에 대입한 후 최댓값 또는 최솟값을 구한다.

---

**강의** **일차의 조건식이 주어진 경우 일차식을 이차식에 대입하고 최대·최소를 구한다!**

첫째, 일차식 $ax+by=c$를 이차식에 대입한다.

둘째, (이차식) $\neq 0$꼴이므로 꼭짓점을 이용한다.

---

**기 | 본 | 예 | 제 13**

실수 $x$, $y$에 대하여 $2x-y=3$일 때, $2x^2+y^2$의 최댓값과 최솟값을 구하시오.

**탐구** 조건식 일차 $\rightarrow$ 변형 $\rightarrow$ 이차식 대입

**풀이** 주어진 조건식이 일차식이므로 $y$에 대하여 정리하면

$$y=2x-3 \qquad \cdots ①$$

①을 준식에 대입하여 정리하면

$$2x^2+(2x-3)^2=2x^2+4x^2-12x+9$$
$$=6x^2-12x+9$$
$$=6(x^2-2x+1)+3$$
$$=6(x-1)^2+3$$

주어진 범위가 없으므로 준식은 $x=1$에서 최솟값 3을 갖고 최댓값은 없다.

**정답** 최솟값 : 3, 최댓값은 없다.

---

**유제 13-1** 실수 $x$, $y$에 대하여 $x+y=2$일 때, $x^2-2y^2$의 최댓값과 최솟값을 구하시오.

**유제 13-2** 실수 $x$, $y$에 대하여 $x+2y=k$일 때, $x^2+y^2$의 최솟값이 1이 되는 실수 $k$의 값을 구하시오.

$-1 \leq x \leq 1$이고 $x+y=2$인 실수 $x$, $y$에 대하여 $x^2+y^2$의 **최댓값과 최솟값을 구하시오.**

**탐구**
① 일차의 조건식을 최댓값과 최솟값을 구해야 하는 이차식에 대입한다.
② 한 문자에 대한 식으로 변형한다.
③ 주어진 범위 안에서 최댓값과 최솟값을 구한다.

**풀이**
$x+y=2$에서

$$y=2-x \quad \cdots ①$$

①을 이차식에 대입하여 정리하면

$$x^2+(2-x)^2=x^2+4-4x+x^2$$
$$=2x^2-4x+4$$
$$=2(x^2-2x+1)+2$$
$$=2(x-1)^2+2$$

주어진 범위 $-1 \leq x \leq 1$에서 최댓값과 최솟값을 구하면

$x=-1$에서 최댓값 $10$을 갖고 $x=1$에서 최솟값 $2$를 갖는다.

**정답** 최댓값 : $10$, 최솟값 : $2$

---

**유제 14-1** $0 \leq x \leq 2$이고 $x-y=1$인 실수 $x$, $y$에 대하여 $2x^2+y^2$의 최댓값과 최솟값을 구하시오.

**유제 14-2** $-2 \leq y \leq 1$이고 $x+2y=3$일 때, $x^2-2y^2$의 최댓값과 최솟값을 구하시오.

(단, $x$, $y$는 실수)

**유제 14-3** $1 \leq x \leq a$이고 $x+y=1$일 때, $x^2+y^2$의 최댓값이 $5$라고 한다. 이때 실수 $a$의 값을 구하시오. (단, $x$, $y$는 실수)

### 기|본|예|제 15

실수 $x$, $y$에 대하여 $2x^2+y^2=5$일 때, $2x+y$의 최댓값과 최솟값을 구하시오.

**탐구**

① 일차식 $2x+y=k$라 놓고 이차식 $2x^2+y^2=5$에 대입하여 정리한다.

② 계수 $k$의 최대·최소는 판별식 $D$를 이용한다.

③ 판별식 $D \geq 0$임을 이용하는 이유는 대소를 논할 수 있는 것은 실수이기 때문이다.

**풀이** $2x+y=k$에서

$$y=k-2x \cdots ①$$

①을 조건식에 대입하면

$$2x^2+(k-2x)^2=5 \qquad 2x^2+k^2-4kx+4x^2-5=0$$

$$\therefore\ 6x^2-4kx+k^2-5=0 \cdots ②$$

②에서 $x$는 실수이므로

$$D/4=(2k)^2-6(k^2-5)$$

$$=-2k^2+30 \geq 0$$

$$k^2-15 \leq 0 \qquad (k-\sqrt{15})(k+\sqrt{15}) \leq 0$$

$$\therefore\ -\sqrt{15} \leq k \leq \sqrt{15}$$

따라서 $2x+y$의 최댓값은 $\sqrt{15}$, 최솟값은 $-\sqrt{15}$이다.

**정답** 최댓값 : $\sqrt{15}$, 최솟값 : $-\sqrt{15}$

---

**유제 15-1** 실수 $x$, $y$에 대하여 $x^2+y^2=3$일 때, $x+y$의 최댓값과 최솟값을 구하시오.

**유제 15-2** 실수 $x$, $y$에 대하여 $x^2+2y^2=a$일 때, $x+2y$의 최댓값이 $3\sqrt{3}$이 되게 하는 양수 $a$의 값을 구하시오.

### 기 | 본 | 예 | 제 16

$x,\ y$가 실수이고 $x^2+2y=8$일 때, $x^2+3y^2$의 최솟값을 구하시오.

**탐구** 조건식이 이차식이면 $(실수)^2 \geq 0$을 이용하여 범위를 구한다.

**풀이** 조건식에서 숨겨진 범위를 구하면

$$x^2 = 8-2y \geq 0\text{에서} \quad -2y \geq -8$$
$$\therefore\ y \leq 4$$

$x^2 = 8-2y$를 준식에 대입하여 정리하면

$$(\text{준식}) = 8-2y+3y^2$$
$$= 3\left(y^2 - \frac{2}{3}y + \frac{1}{9} - \frac{1}{9}\right)+8$$
$$= 3\left(y - \frac{1}{3}\right)^2 + \frac{23}{3}$$

$y \leq 4$에서 준식의 최솟값을 구하면

$y = \dfrac{1}{3}$에서 최솟값 $\dfrac{23}{3}$ 을 갖는다.

**정답** $\dfrac{23}{3}$

---

**유제 16-1** $x,\ y$가 실수이고 $x+y^2 = -1$일 때, $2x^2+y^2$의 최솟값을 구하시오.

**유제 16-2** $x,\ y$가 실수이고 $x^2+2y=2$일 때, $3x^2-3y^2+1$의 최댓값을 구하시오.

→ '실수 $x$, $y$'의 조건이 있는 $x$, $y$에 대한 이차식의 최대·최소는

$a(x-m)^2+b(y-n)^2+k$ $(a, b, k, m, n$은 상수$)$의 꼴로 변형한 후 $(실수)^2 \geq 0$을 이용한다.

(1) $a>0$, $b>0$이면 최솟값 $k$를 갖는다.

(2) $a<0$, $b<0$이면 최댓값 $k$를 갖는다.

---

**강의** **변수가 2개인 이차식은 두 개의 완전제곱꼴로 변형하고 최대·최소를 구한다!**

→ 완전제곱꼴로 변형 → $a(x-m)^2+b(y-n)^2+k$

① $a>0$, $b>0$이고, $x=m$, $y=n$일 때 → **최솟값** $k$

→ $a(x-m)^2+b(y-n)^2+k \geq k$

② $a<0$, $b<0$이고 $x=m$, $y=n$일 때 → **최댓값** $k$

→ $a(x-m)^2+b(y-n)^2+k \leq k$

---

### 기|본|예|제 **17**

실수 $x$, $y$에 대한 함수 $z=2x^2+2y^2-2x+2y+5$의 최솟값과 그 때의 $x$, $y$의 값을 구하시오.

**탐구** 변수가 2개인 이차식의 최대·최소 → 완전제곱꼴 이용

**풀이** 주어진 함수를 완전제곱의 합의 꼴로 변형하면

$$z=2\left(x^2-x+\frac{1}{4}\right)+2\left(y^2+y+\frac{1}{4}\right)+4$$

$$=2\left(x-\frac{1}{2}\right)^2+2\left(y+\frac{1}{2}\right)^2+4$$

$x$, $y$가 실수이므로 $z$는 $x=\dfrac{1}{2}$, $y=-\dfrac{1}{2}$일 때 최솟값 $4$를 갖는다.

**✔ 정답** $x=\dfrac{1}{2}$, $y=-\dfrac{1}{2}$일 때, 최솟값 : $4$

---

**유제 17-1** $x$, $y$가 실수일 때, 함수 $z=4x-x^2+6y-y^2-12$의 최댓값을 구하시오.

**유제 17-2** 함수 $z=x^2+y^2-2x-4y+k$의 최솟값이 $-7$일 때, 실수 $k$의 값을 구하시오.

(단, $x$, $y$는 실수)

# 반복학습 기록란.

가장 좋은 학습방법은 학교에서나 학원에서나 선생님의 강의를 열심히 듣고 여러 번 반복학습하는 것입니다.
지금부터 당장 선생님의 강의를 열심히 듣고 반복! 반복하십시오. 그러면 곧 모든 과목에 자신이 생길 것입니다.

| 회수 | 시작이 반! | | | 끝을 봐야! | | | 확인 |
|---|---|---|---|---|---|---|---|
| 제1회 | 년 | 월 | 일 부터 | 년 | 월 | 일 까지 | |
| 제2회 | 년 | 월 | 일 부터 | 년 | 월 | 일 까지 | |
| 제3회 | 년 | 월 | 일 부터 | 년 | 월 | 일 까지 | |
| 제4회 | 년 | 월 | 일 부터 | 년 | 월 | 일 까지 | |
| 제5회 | 년 | 월 | 일 부터 | 년 | 월 | 일 까지 | |
| 제6회 | 년 | 월 | 일 부터 | 년 | 월 | 일 까지 | |
| 제7회 | 년 | 월 | 일 부터 | 년 | 월 | 일 까지 | |
| 제8회 | 년 | 월 | 일 부터 | 년 | 월 | 일 까지 | |
| 제9회 | 년 | 월 | 일 부터 | 년 | 월 | 일 까지 | |
| 제10회 | 년 | 월 | 일 부터 | 년 | 월 | 일 까지 | |

▶ 연습문제 A는 앞에서 배운 기초 단계의 문제이므로 선생님의 도움 없이 스스로 풀어 자신의 실력을 점검해 보도록 하자.

**01** 다음 이차방정식의 해의 개수를 구하시오.

(1) $x^2 - 2x - 1 = 0$      (2) $x^2 - 4x + 4 = 0$      (3) $x^2 - 3x + 4 = 0$

**02** 이차함수 $y = x^2 + ax + b$의 그래프가 오른쪽 그림과 같을 때, 상수 $a$, $b$의 값을 구하시오.

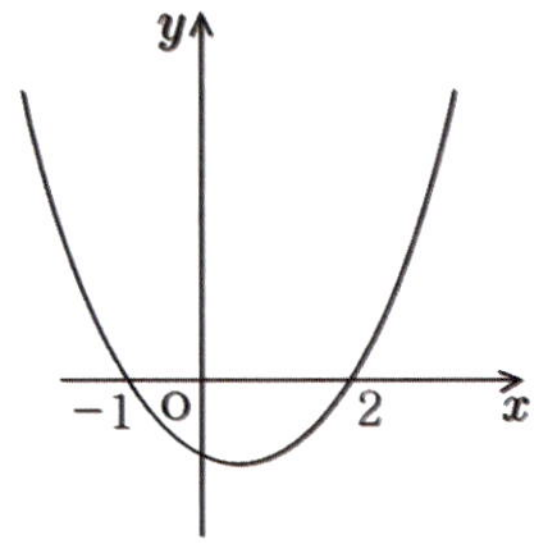

**03** 이차함수 $y = x^2 + ax + a^2 - 3$의 그래프가 $x$축에 접하도록 하는 상수 $a$의 값을 구하시오.

**04** 이차함수 $y = x^2 - 4x + k - 1$의 그래프가 $x$축과 만나는 두 점을 각각 A, B라 할 때, $\overline{AB} = 6$이라면 실수 $k$의 값을 구하시오.

**05** 이차함수 $y = 2x^2 + 3x - 1$의 그래프와 직선 $y = ax + b$의 두 교점의 $x$좌표가 각각 $-1$, 4일 때, 상수 $a$, $b$에 대하여 $a - b$의 값을 구하시오.

**06** 이차함수 $y = x^2 - x + 1$의 그래프와 직선 $y = 2x + m$이 서로 다른 두 점에서 만날 때, 실수 $m$의 값의 범위를 구하시오.

**07** 다음 중 $y=\left|x^2-1\right|$의 그래프를 고르시오.

① 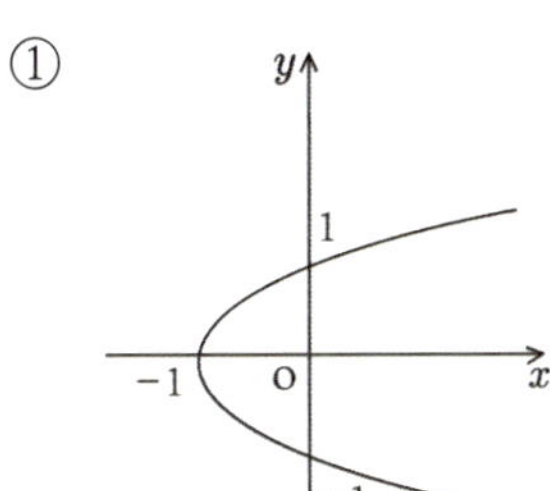　　② 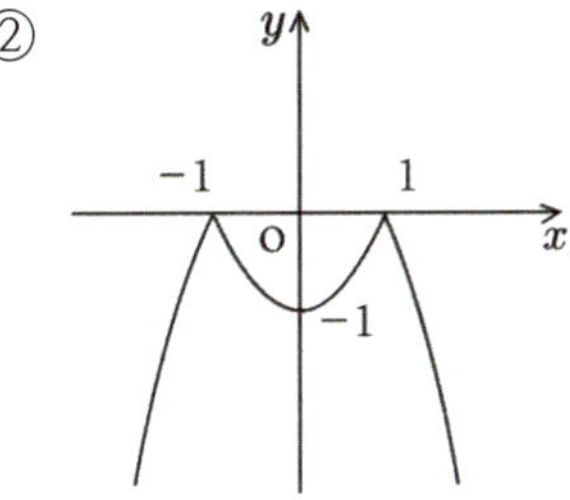　　③ 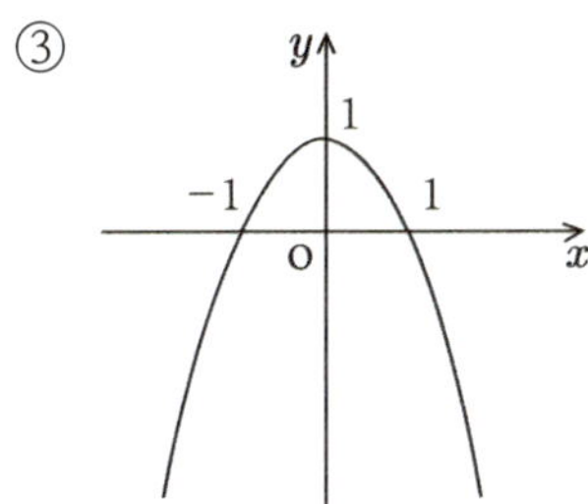

④ 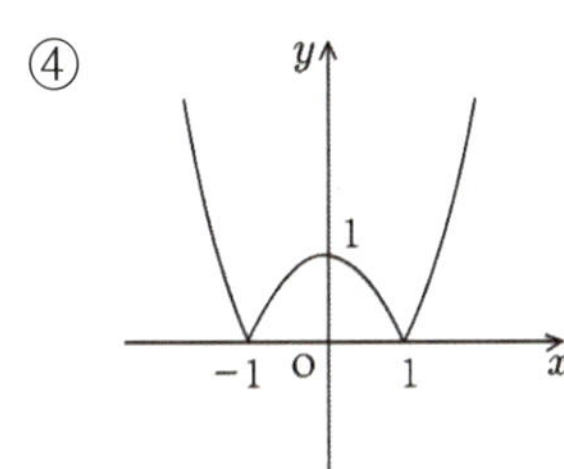　　⑤ 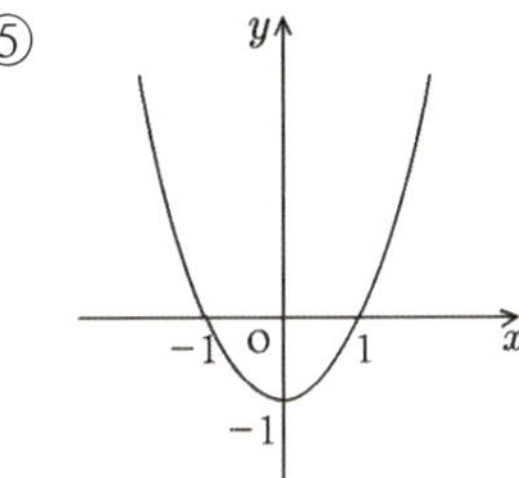

**08** 방정식 $x^2-4x-a=0$의 실근이 2개가 되는 실수 $a$의 값의 범위를 구하시오.

**09** 다음 이차함수의 최댓값과 최솟값을 구하시오.

(1) $y=3(x-1)^2+2$　　　　　　　(2) $y=-x^2-4x-5$

**10** 이차함수 $y=-x^2+ax+b$가 $x=3$에서 최댓값 2를 가질 때, 상수 $a$, $b$의 값을 구하시오.

**11** 이차함수 $f(x)=(x-2)^2+1$ (단, $0\le x\le5$)의 최댓값과 최솟값을 구하시오.

**12** $1\le x\le3$에서 이차함수 $y=-2x^2+3x+a$의 최댓값이 2일 때, 상수 $a$의 값을 구하시오.

**13**   함수 $y=(x^2+4x+5)(x^2+4x+2)+2x^2+8x+1$의 최솟값을 구하시오.

**14**   실수 $x$, $y$에 대하여 $2x-y=3$일 때, $2x^2+y^2$의 최댓값과 최솟값을 구하시오.

**15**   $-1 \le x \le 1$이고 $x+y=2$인 실수 $x$, $y$에 대하여 $x^2+y^2$의 최댓값과 최솟값을 구하시오.

**16**   실수 $x$, $y$에 대하여 $2x^2+y^2=5$일 때, $2x+y$의 최댓값과 최솟값을 구하시오.

**17**   $x$, $y$가 실수이고 $x^2+2y=8$일 때, $x^2+3y^2$의 최솟값을 구하시오.

**18**   실수 $x$, $y$에 대한 함수 $z=2x^2+2y^2-2x+2y+5$의 최솟값과 그 때의 $x$, $y$의 값을 구하시오.

▶ 연습문제 B는 앞에서 배운 문제 중 응용단계의 문제이므로 연습장에 스스로 풀어보고 잘 풀리지 않으면 처음부터 다시 공부한 후 자신이 있을 때 다시 풀어 보도록 하자.

**01** 이차방정식 $x^2+kx+k+3=0$의 해가 1개일 때, 양수 $k$의 값을 구하시오.

**02** 이차함수 $y=2x^2+ax+3$의 그래프가 $x$축과 만나는 두 점의 $x$좌표가 각각 3, $b$일 때, 실수 $a$, $b$에 대하여 $2ab$의 값을 구하시오.

**03** 이차함수 $y=x^2-3x+4a$의 그래프가 $x$축과 만나지 않도록 하는 자연수 $a$의 최솟값을 구하시오.

**04** 이차함수 $y=x^2+(k-1)x-k$의 그래프가 $x$축과 만나는 두 점 사이의 거리가 3일 때, 양수 $k$의 값을 구하시오.

**05** 이차함수 $y=x^2+ax+b$의 그래프와 직선 $y=2x+1$이 서로 다른 두 점에서 만난다. 이 중 한 교점의 $x$좌표가 $1-\sqrt{3}$일 때, 유리수 $a$, $b$에 대하여 $ab$의 값을 구하시오.

**06** 직선 $y=mx$는 이차함수 $y=x^2-x+1$의 그래프와 서로 다른 두 점에서 만나고, 이차함수 $y=x^2+x+1$의 그래프와는 만나지 않을 때, 정수 $m$의 값을 구하시오.

**07** 함수 $y = f(x)$의 그래프가 오른쪽 그림과 같을 때
$y = f(|x|)$의 그래프를 고르시오.

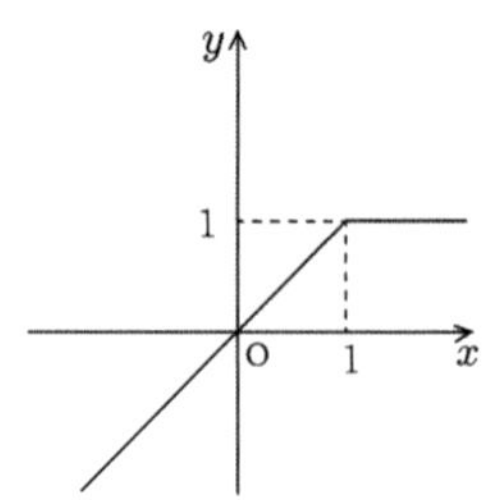

① 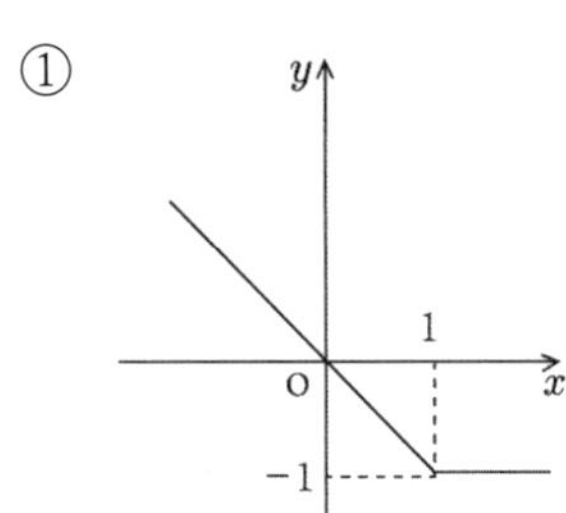

② 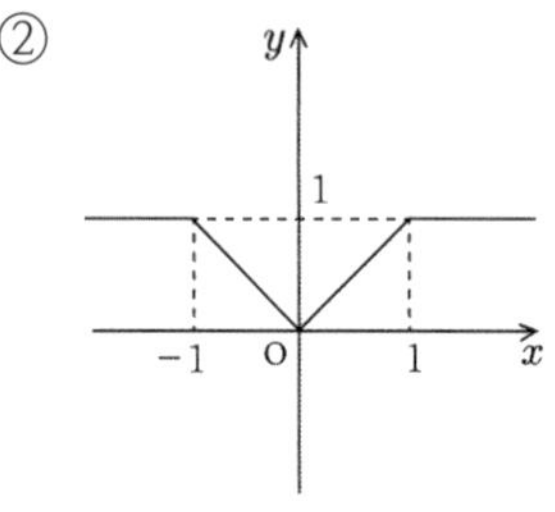

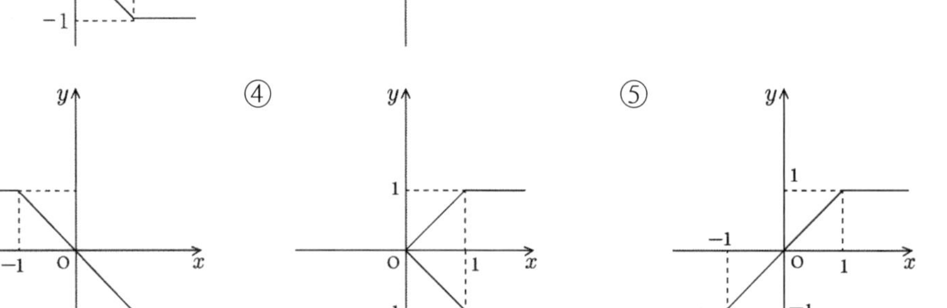

③  ④  ⑤

**08** 방정식 $|x^2 - 2| = k$이 서로 다른 두 실근을 가질 때, 정수 $k$의 최솟값을 구하시오.

**09** 이차함수 $y = -2x^2 + 6x - 7$의 최댓값과 최솟값을 구하시오.

**10** 이차함수 $y = 3x^2 - 2x + k$의 최솟값이 $\dfrac{4}{3}$일 때, 상수 $k$의 값과 최솟값을 갖는 $x$의 값의 합을 구하시오.

**11** 이차함수 $f(x) = -2x^2 + 8x + 6$ (단, $-1 \le x \le 1$)의 최댓값과 최솟값을 구하시오.

**12** $a \le x \le 0$ (단, $a < -1$)에서 이차함수 $y = -2x^2 - 4x + 1$의 최댓값이 $b$, 최솟값이 $-5$라 할 때, $a$, $b$의 값을 구하시오.

**13** $0 \le x \le 2$에서 함수 $y = (x^2 - 2x)^2 + 2(x^2 - 2x) + 5$의 최댓값과 최솟값을 구하시오.

**14** 실수 $x$, $y$에 대하여 $x + 2y = k$일 때, $x^2 + y^2$의 최솟값이 1이 되는 실수 $k$의 값을 구하시오.

**15** $-2 \le y \le 1$이고 $x + 2y = 3$일 때, $x^2 - 2y^2$의 최댓값과 최솟값을 구하시오.

(단, $x$, $y$는 실수)

**16** 실수 $x$, $y$에 대하여 $x^2 + 2y^2 = a$일 때, $x + 2y$의 최댓값이 $3\sqrt{3}$이 되게 하는 양수 $a$의 값을 구하시오.

**17** $x$, $y$가 실수이고 $x^2 + 2y = 2$일 때, $3x^2 - 3y^2 + 1$의 최댓값을 구하시오.

**18** 함수 $z = x^2 + y^2 - 2x - 4y + k$의 최솟값이 $-7$일 때, 실수 $k$의 값을 구하시오.

(단, $x$, $y$는 실수)